汶川地震极震区
典型建筑震害还原与损伤模式研究

杨伟松　祝　岳　许卫晓　著

人民交通出版社股份有限公司
北　京

内 容 提 要

本书选取汶川地震极震区具有代表性的漩口中学教学楼、北川盐务局宿舍楼为研究基础，结合振动台试验、倒塌试验，分析造成钢筋混凝土框架结构震害严重及发生较高比例倒塌的原因，提出了基于刚度平衡的外廊式钢筋混凝土框架结构刚度平衡设计方法，对经过极震检验的翼墙加固钢筋混凝土框架结构的动力性能、受力变形特点和抗倒塌性能进行深入研究。

本书可作为地震工程、结构工程研究者的参考书。

图书在版编目(CIP)数据

汶川地震极震区典型建筑震害还原与损伤模式研究/杨伟松，祝岳，许卫晓著. —北京：人民交通出版社股份有限公司，2022.6

ISBN 978-7-114-17860-3

Ⅰ.①汶… Ⅱ.①杨… ②祝… ③许… Ⅲ.①钢筋混凝土框架—框架结构—抗震性能—研究—汶川县 Ⅳ.①TU375.4

中国版本图书馆 CIP 数据核字(2022)第 025824 号

Wenchuan Dizhen Jizhenqu Dianxing Jianzhu Zhenhai Huanyuan yu Sunshang Moshi Yanjiu

书　　名：汶川地震极震区典型建筑震害还原与损伤模式研究
著 作 者：杨伟松　祝　岳　许卫晓
责任编辑：朱明周
责任校对：席少楠
责任印制：刘高彤
出版发行：人民交通出版社股份有限公司
地　　址：(100011)北京市朝阳区安定门外外馆斜街 3 号
网　　址：http://www.ccpcl.com.cn
销售电话：(010)59757973
总 经 销：人民交通出版社股份有限公司发行部
经　　销：各地新华书店
印　　刷：北京建宏印刷有限公司
开　　本：787×1092　1/16
印　　张：10.75
字　　数：248 千
版　　次：2022 年 6 月　第 1 版
印　　次：2022 年 6 月　第 1 次印刷
书　　号：ISBN 978-7-114-17860-3
定　　价：60.00 元
(有印刷、装订质量问题的图书由本公司负责调换)

前　言

多层钢筋混凝土框架结构广泛用于学校、医院和办公建筑中。近年发生的多次破坏性地震中，大量钢筋混凝土框架结构发生连续性倒塌，造成大量人员伤亡。在抗震性能方面被结构工程师寄予厚望的多层钢筋混凝土框架结构却在大震极震区出现很高的倒塌率。以汶川地震两个Ⅺ度区（北川县城和映秀镇）的调查结果为例，钢筋混凝土框架结构倒塌率为63%，比砖混结构高15个百分点。且纯框架结构的倒塌模式基本为柱失效造成的层倒塌模式，几乎不留任何生存空间，且倒塌层多为底部几层，因此老北川县城被称为"跪着的城镇"，夺走了众多同胞的生命。而在汶川地震Ⅸ、Ⅹ度区，框架结构表现出大量柱端出铰、薄弱层破坏、短柱破坏等主要结构构件损坏、震后难以修复的震害形式，被形象地称为"站立的废墟"。随后发生的芦山7.0级地震中，当地框架结构虽然因所处地区烈度不高未见倒塌，但震害调查所见的损伤模式仍以柱端破坏为主，并未实现预期的"强柱弱梁"延性框架设计理念。特大地震造成的惨痛教训促使我们对钢筋混凝土框架结构的抗倒塌能力进行了深刻反思。众多学者认为框架结构在遭遇地震时，水平剪力、重力以及倾覆力矩导致的动轴力作用均由框架柱承担，使得柱受力苛刻，极易形成塑性铰，而框架梁因楼板参与等因素导致破坏轻微，延性设计所期望的"强柱弱梁"损伤机制难以实现，最终表现为柱铰破坏屈服而倒塌。即使按抗震规范增加柱的设计弯矩值也很难改变这一情况，况且这种传统设计无法克服框架结构单一抗震防线所造成冗余度低、鲁棒性差和震损后修复困难的问题。

汶川地震极震区部分震害结构至今保存完好，这为结构倒塌调查和研究提供了难得的条件。本书选取两处具有代表性的结构震害作为研究基础，其中漩口中学建筑群局部区域内多栋具有相同设计特点的教学楼倒塌，而北川盐务局宿舍楼则经历远超设防烈度的大震而未倒塌。本研究的目的在于分析造成钢筋混凝土框架结构震害严重及发生较高比例倒塌的原因，并对经过极震检验的翼墙加固钢筋混凝土框架结构的动力性能、受力变形特点和抗倒塌性能进行深入研究。主要内容和章节安排如下：

第1章为"绪论"。阐述了本书的研究背景与意义，概括了国内外学者在钢筋混凝土框架结构地震倒塌机理和抗倒塌加固措施方面的研究进展。

第2章为"钢筋混凝土框架结构震害特征分析"。结合实际震害总结了钢筋混凝土框架结构多种常见的破坏模式和损伤机制，并对其产生原因和力学机理进行阐述，着重分析了填充墙与主体框架结构的协同工作过程及框架柱的几种破坏模式和产生原因。针对漩口中学教学楼和北川盐务局宿舍楼的震害特点进行详细描述，分析了前者倒塌的可能影响因素、翼墙加固结构的损伤机制以及抗震表现良好的内在原因。

第3章为"漩口中学教学楼模型振动台试验及倒塌试验研究"。根据漩口中学教学楼原型图纸设计、建造了缩尺比为1:4的3层试验模型,介绍了结构模型的设计、施工、构造措施和材料性能。对其地震模拟振动台试验方案、加载制度以及试验各工况中模型的宏观破坏情况进行描述。基于试验结果,分析了其在抗震设计方面的不利因素。后续倒塌试验经历从严重破坏到完全垮塌两个工况,将其过程与汶川地震中原型结构的损伤和倒塌模式进行对比,探究造成结构倒塌的关键因素。

第4章为"外廊式填充墙框架结构刚度平衡设计方法"。收集整理了国内学者提出的满布填充墙和半高填充墙弹性抗侧刚度计算公式,利用收集的满布和半高填充墙抗侧刚度实测值验证公式的合理性,结合试验数据及填充墙弹性抗侧刚度计算公式,拟合得到屈服阶段和承载力峰值阶段满布填充墙和半高填充墙抗侧刚度计算公式。通过增设翼墙方式平衡带填充墙结构模型的刚度,确定地震作用下不同阶段所需增设的翼墙尺寸,提出刚度平衡设计方法。

第5章为"基于刚度平衡设计的外廊式钢筋混凝土框架-翼墙结构抗地震倒塌能力分析"。以漩口中学教学楼为基础设计4个框架结构(1个原型外廊式框架结构和3个翼墙加固外廊式框架结构),对4个模型结构进行增量动力分析和抗倒塌能力分析,证实所提出的刚度平衡设计方法能够改善外廊式框架结构由于填充墙设置不合理而造成的抗震不利影响。

第6章为"翼墙加固钢筋混凝土框架结构体系"。对翼墙加固钢筋混凝土框架结构体系的抗震机制进行理论分析,建立了一个纯框架结构和一个翼墙加固框架结构的数值模型并进行了Pushover分析。分析结果表明,翼墙加固钢筋混凝土框架结构体系在变形、屈服模式、抗侧极限承载力、延性及耗能能力等方面可对钢筋混凝土框架结构的抗地震倒塌能力起到很好的改善作用。

第7章为"翼墙加固钢筋混凝土框架结构振动台试验研究"。以北川盐务局宿舍楼底层的设计参数为原型,设计制作缩尺比为1:4的翼墙加固钢筋混凝土框架结构模型,进行振动台试验,通过实测数据和试验现象深入分析其在极震作用下的宏观破坏模式、变形特点和抗震性能。

本书为提高量大面广的普通钢筋混凝土框架结构的抗地震倒塌能力,提供了一种经济实用的有效措施。由于作者水平有限以及研究本身的局限性,书中如有错误与不足之处,恳请广大读者批评指正!

作　者

2022年6月

目　　录

第1章

绪　论

1.1　钢筋混凝土框架结构抗地震倒塌研究意义

钢筋混凝土框架结构具有便于空间分隔、自重轻、可以较灵活地配合建筑平面布置等优点，在我国应用非常普遍，约占建筑总量的30%以上，尤其在抗震设防地区，其更是成为办公楼、医院和学校等承担重要社会职能的多层公共建筑的首选结构形式[1]。传统意义上，普遍认为钢筋混凝土框架结构具有较为优良的抗震性能，然而对汶川地震北川县城和映秀镇两个极震区（Ⅺ度区）的调查结果却显示，钢筋混凝土框架结构的倒塌率（63%）比传统意义上认为抗震能力较弱的砖混结构（48%）高出15%[2-3]。其后发生的玉树地震、芦山地震和鲁甸地震也反映出相同的问题。令人难以接受的是，钢筋混凝土框架结构的倒塌模式多为各层完全塌落，基本不留任何生存空间以至造成群死群伤[4]。图1-1为近年来国内外一些地震中钢筋混凝土框架结构的典型倒塌案例。这提醒我们不得不对钢筋混凝土框架结构抗倒塌能力的传统认识进行深刻反思。

a) 汶川8.0级地震

b) 玉树7.1级地震

c) 海地7.0级地震

d) 日本阪神7.3级地震[5]

图1-1　钢筋混凝土框架结构的典型地震倒塌案例

《建筑抗震设计规范》（GB/T 50011—2010）[6]虽然制定了“小震不坏，中震可修，大震不倒”的三水准设防目标，但实际结构遭遇的地震强度常常超出设计大震，而该规范无法保证结构在超越设防大震水平的强震作用下的安全性。正因如此，在第五代中国地震动参数区划图[7-8]中，在罕遇地震之后增加了极罕遇地震的设防烈度，其目的就是要确定抗倒塌地震动参数。在基于性能的地震工程[9-10]中，虽要求全面地考核结构、非结构构件及内部设施的性能状态，但防止结构倒塌始终是最重要和最基本的性能目标之一。

对结构地震倒塌机理的深刻认识是提高其抗倒塌能力的前提条件[11]。然而由于结构的地震倒塌是非线性动力问题，过程极其复杂，理论和试验研究都很困难[12-13]。实际震害以大量的样本反映出结构各种各样的倒塌模式，深入总结实际震害经验，并对其中的典型震害案例进行详细剖析，无疑是认识结构地震倒塌机理、推动抗倒塌设计水平提升的有效手段。正因如此，本书进行了以汶川地震中属于典型倒塌破坏形式的漩口中学教学楼为原型结构的地震模拟振动台倒塌试验，对多层钢筋混凝土框架结构的地震倒塌机理进行剖析；通过倒塌过程的再现与分析，确定结构抗倒塌的薄弱环节，为探寻钢筋混凝土框架结构的抗倒塌设计和施工方法提供有力依据。

研究结构地震倒塌问题的根本目的在于提高结构的抗地震倒塌能力。在与地震灾害斗争的漫长岁月中，广大学者针对钢筋混凝土框架结构的抗倒塌措施进行了卓有成效的研究，开发了隔震结构体系[14]、支撑框架结构体系[15-16]、摇摆墙框架结构体系[17-18]等，并已开始投入工程应用，甚至其中一些已经经历了实际强震的检验。但是，现实的经济条件制约是我们无法逾越的问题。我国拥有数量巨大的钢筋混凝土框架结构，目前尚不具备广泛应用先进建筑抗震技术的经济基础。考虑到经济条件的制约和结构重要性的不同，现阶段应探索在重要建筑应用新型结构形式与技术手段，使重要建筑在强震之后无须或稍加修复即可恢复使用，保障社会主体功能的不中断；对于量大面广的一般性建筑，不可忽略经济因素而盲目推广先进的结构抗震加固技术，而应探索更加经济实用的抗倒塌措施。在钢筋混凝土框架结构中增设翼墙的抗震加固方法布置灵活，施工方便，经济实用，具有很强的实用性，但深入的理论研究却滞后于实际工程应用。为此，本书通过一个增设翼墙的框架结构振动台试验，对该类抗震加固方法的抗震性能进行详细研究，为工程应用提供理论和技术支撑。

近年来，一次次的破坏性地震在不断催促着钢筋混凝土框架结构抗地震倒塌能力的提高。为此，本书综合采用震害分析、地震模拟振动台试验、数值模拟的研究手段，对钢筋混凝土框架结构的地震倒塌机理和抗倒塌加固措施进行研究，期望形成对钢筋混凝土框架结构在极震下倒塌机理更深刻的认知，凝练具有普遍指导意义的钢筋混凝土框架结构抗倒塌加固设计方法。该项工作对有效降低量大面广的钢筋混凝土框架结构在特大地震中倒塌造成的人员伤亡和财产损失具有重大的现实指导意义。

1.2 国内外研究现状及发展动态

《建筑抗震设计规范》（GB/T 50011—2010）对工程结构的倒塌验算主要采取设防大

震烈度下的薄弱层（部位）弹塑性变形验算的方法，而对超越设防大震水平下的结构抗倒塌能力缺乏定量保证，主要通过合理的概念设计以及构造措施来增强结构的延性、整体牢固性等。钢筋混凝土框架结构主要由梁、柱、楼板以及填充墙组成。对这些构件，抗震规范相应规定了柱的轴压比限值，梁柱最小配筋率、箍筋加密，梁柱节点区的“强柱弱梁”和“强剪弱弯”系数，梁柱节点核心区截面抗震验算等，这里不再赘述。

在以往的抗震设计中，往往忽视了作为非结构构件的填充墙对结构受力状况的改变和影响，仅将其自重以恒载的形式施加到计算模型上，并在计算水平地震作用时，考虑其对结构自振周期的折减；不定量细致考虑填充墙布置不利时对主体结构受力的影响。但近年来发生的破坏性地震中，出现了大量由于填充墙布置不合理导致的短柱效应、扭转破坏、薄弱层破坏等关联失效模式。《建筑抗震设计规范》（GB/T 50011—2010）对钢筋混凝土框架结构中填充墙做法的规定主要体现在：①宜选用轻质墙体材料；②应设置拉结筋、水平系梁、圈梁以及构造柱等，与主体框架拉结可靠，并可适应主体框架在不同方向的层间侧移，在地震烈度为Ⅷ、Ⅸ度时还应具备满足结构层间变形的能力；③在平立面的布置上宜均匀对称，避免形成短柱效应和薄弱层；④在非对称均匀布置的情况下，应考虑质量和刚度的偏心对主体结构的不利影响。

目前，各国现行规范尚不能保证钢筋混凝土框架结构在超越设防大震水平下的抗倒塌能力。结构抗倒塌研究其实一直是地震工程学科的研究重点之一。近几十年，各国科研人员通过各种手段在结构抗倒塌领域进行了大量的研究，并取得一系列研究成果。广义上的结构倒塌过程指的是结构从开始损伤直至完全倒塌的全过程，这一过程的理想模式是一个连续稳定、分阶段、渐进式的破坏过程，在每一个阶段都有相应的损伤控制机制，并能够充分发挥各构件的承载能力和变形能力，避免突发性的脆性倒塌[19]。研究结构地震倒塌问题的根本目的在于提高其抗倒塌能力，而对倒塌模式和发展过程的深刻认识是提高结构抗地震倒塌能力设计水平的基础。因此，对钢筋混凝土框架结构地震倒塌问题的研究大致可分为地震倒塌机理和抗地震倒塌措施两方面。

1.2.1 钢筋混凝土框架结构地震倒塌机理研究

传统意义上，钢筋混凝土框架结构被普遍认为抗震性能良好。清华大学等联合震害调查组对汶川地震灾区的房屋震害的调查显示：砌体结构、砌体-框架混合结构、框架结构、框架-剪力墙（核心筒）结构、钢结构的抗震能力依次增强[20]。但与之相反，在北川和映秀两个极震区（Ⅺ度区），钢筋混凝土框架结构的倒塌率反而高于砌体结构[21]。Breen 等在研究连续倒塌时，发现在不同结构类型中，当遭遇偶然荷载时，框架结构更易发生局部连续倒塌[22]。基于钢筋混凝土框架传力原理、长期工程实践经验以及文献［23］基于广义结构刚度的构件重要性评价方法表明，从构件角度看，柱的重要性高于梁，从布设位置角度看，边柱的重要性高于中柱，下层柱的重要性高于上层柱。而实际地震荷载下，框架柱，尤其是底层柱，承受着整体结构自重产生的轴力、巨大的附加弯矩和地震剪力，导致柱端大量出铰，限制了内力重分布的发展，塑性变形易集中，使倒塌发生。

强烈地震的发生推动着地震工程学的发展。震害调查是研究结构倒塌模式最直接、最全面的手段。G. W. Housner 报道了 1971 年 San Fernando 地震中 14 座多层钢筋混凝土结构的震害，基本均未达到频临倒塌的程度。其中，Veterans Administration Hospital 接近震中，破坏最重，其底层产生较大侧移。G. W. Housner 将该建筑的震害形容为“像一个重箱子放在底层柔弱的柱上”，如果不是底层存在一些抗震墙，结构可能发生底层薄弱层倒塌[24]。1995 年日本阪神 7. 3 级地震中，钢筋混凝土框架结构的震害特点为：薄弱底层破坏非常显著，软弱中间层震害也相对突出[25]。造成中间层倒塌的原因主要有两方面：一是日本旧的建筑规范（1981 年以前版本）假定结构地震作用沿各楼层均匀分布，而非倒三角形分布，导致中间层设计剪力偏小；二是日本当时的常见工程做法是，对于 7 层以上框架房屋，其下部几层采用钢-混凝土组合结构，上部楼层采用普通钢筋混凝土结构，导致转换层出现大量严重破坏[26]。近年来，我国发生的宁洱 6. 4 级地震[27]、汶川 8. 0 级地震[28]、玉树 7. 1 级地震[29]、芦山 7. 0 地震[30]中，多层钢筋混凝土框架结构出现大量以“强梁弱柱”机制为根本原因的层破坏倒塌机制，并以底层失效最为常见。对这一震害现象产生的原因，众多学者开展了大量研究。其中，重点对“强柱弱梁”机制难以实现的影响因素开展了广泛而系统的研究[31-32]，包含现浇楼板的影响（楼板参与宽度、厚度，板筋参与程度等）、填充墙等非结构构件的影响、梁端超配筋和实际强度超强、结构在大震下的非线性受力状态同计算模型中的弹性状态存在差别、梁柱构件的可靠度存在差异等因素。文献［33］从多层钢筋混凝土框架结构体系的剪力分布、变形模式以及工程常见做法等方面解释了底层比其他楼层更易成为薄弱层的原因。总体来讲，大量的震害调查反映多层钢筋混凝土框架结构常常出现设计时希望避免的层屈服机制，对于无竖向明显薄弱层的结构，底层往往成为倒塌起始部位。震害调查虽可以直观地反映结构的倒塌模式，但无法获得结构倒塌的发展过程。

采用数值模拟的研究手段，可以方便地变换结构和地震动输入参数，并获得倒塌发展的全过程。在倒塌前，模型的非线性地震反应需要被准确模拟；在倒塌过程中，又涉及接触碰撞分析、大变形和转动、不连续位移场的描述等问题[34]，目前的实现方法主要为有限单元法[35]、离散单元法[36]和应用单元法。其中，离散单元法被 Hakuno[37]等人首先应用于分析钢筋混凝土框架结构的倒塌；顾祥林等[38]基于离散单元法开发了地震作用下钢筋混凝土框架结构空间倒塌仿真软件 Sisco-RCF，并对素混凝土柱和结构模型振动台倒塌试验进行了模拟。相对于离散单元法，有限单元法发展较为成熟，在非线性阶段分析准确度更高[39]。基于材料本构的纤维模型、生死单元技术和网格重划分技术在钢筋混凝土框架结构的倒塌模拟方面已取得一系列成果[40]。陆新征等[41]对一系列多层钢筋混凝土框架结构和高层结构进行了倒塌模拟，研究表明，随着输入地震动的不同，结构的倒塌模式出现很大变化[42]。此外，结构倒塌前的结构损伤分布模式和程度是抗倒塌设计的关注要素，倒塌后发生的掉落和碰撞等状态则为次要关注点。Haselto[43]采用集中塑性铰梁柱单元[44]进行了 30 个框架结构在 34 条地震记录下的增量动力分析（简称“IDA 分析”），就结构的不同倒塌模式和发生概率进行了详细分析，结果表明，对于 4 层钢筋混凝土框架结构，随着强柱弱梁系数达到 2. 0 以上，结构倒塌模式从底层柱铰倒塌模式变为整体梁铰倒塌模式；而对12层框架结构的分析表明，随着强柱弱梁系数的增大，结构的抗倒塌能力提高，而且即使强柱弱梁系数达到3.0，这种能力的提高仍未达到饱和。

结构的地震模拟振动台倒塌试验无疑是研究结构地震倒塌最直观、有效的研究手段，但其成本较高且易对试验设备造成损坏，所以目前虽开展了大量钢筋混凝土框架结构的振动台试验[45-46]，但真正达到倒塌程度的并不多。Elwood[47]对一个单层两跨平面框架结构进行了振动台倒塌试验，并分析了中柱失效后的内力重分布情况。Wu[48]对一个单层三跨剪切破坏型的平面框架结构进行了倒塌试验研究，模拟了框架柱从开始损伤至完全丧失承重能力而倒塌的全过程。我国学者在这方面进行了一些空间框架结构的振动台倒塌研究。中国地震局工程力学研究所的黄思凝和郭迅等[1]进行了一个缩尺比为1∶4的以汶川地震中漩口中学教学楼为原型的整体模型倒塌试验，并基于最大位移理论建立了倒塌临界方程，倒塌过程显示，第1层柱端塑性较充分发育，第2层相对完好，由底层率先倒塌，第2层在冲击荷载作用下连续倒塌。金焕和戴君武[49]等设计完成了考虑楼板及填充墙影响的4个缩尺比为1∶2的单层两跨填充墙钢筋混凝土框架结构模型拟静力试验和2个缩尺比为1∶5的4层填充墙钢筋混凝土框架结构模型振动台试验，研究了填充墙及现浇楼板对钢筋混凝土框架结构破坏和倒塌模式的影响。中国建筑科学研究院的唐曹明和徐培福[50]进行了一个双向地震动作用下缩尺比为1∶10的10层钢筋混凝土框架结构振动台倒塌试验，以揭示柔弱底层的破坏机理。同济大学的黄庆华和顾祥林[51]进行了一个缩尺比为1∶4的3层钢筋混凝土框架结构振动台倒塌试验，结果显示，模型发生了始于底层的“强梁弱柱”型倒塌。许卫晓和孙景江等[52]进行了一个缩尺比为1：5的以玉树地震中破坏的玉树武警支队营房为原型的整体模型倒塌试验，结果显示，倒塌始于底层，在底层完全倒塌后，上部各层在冲击荷载作用下依次倒塌。上述振动台倒塌试验多是针对未加填充墙的裸框架进行的，而震害调查已经表明，填充墙对结构倒塌模式和发展过程有着不可忽视的影响，为此本书进行了一个常用于学校建筑的填充墙框架结构的振动台试验，更加真实地再现实际结构的地震倒塌过程，从而为抗倒塌设计提供更加有力、可信的依据。

1.2.2 钢筋混凝土框架结构抗地震倒塌措施研究

经济合理地提高结构的抗地震倒塌能力是研究结构地震倒塌问题的根本目的。而实现上述目的的方式有两个：一是通过更加合理的结构设计，完善结构体系自身的抗震性能；二是通过附加其他子结构，改变原结构体系，形成更加合理的新型结构体系。

在完善结构体系自身的抗震性能方面，可通过内力重分布使得尽可能多的构件参与耗能，从而保证“强柱弱梁”屈服机制的实现，提高框架结构的抗地震倒塌能力。为实现“强柱弱梁”屈服机制，各国规范采取的手段基本都是施加“柱端弯矩放大系数”，只是在计算梁端弯矩时对楼板的考虑有所不同：我国规范[6]和欧洲规范[53]采用矩形截面计算梁端弯矩，通过提高柱端弯矩放大系数的取值以间接考虑楼板对梁的增强作用；美国规范[54]和新西兰规范[55]则直接按照T形截面计算梁端设计弯矩。在汶川地震之后，我国《建筑抗震设计规范》（GB 50011—2010）对该系数进行了一定的上调。Dooley等[56]的研究表明，按实配钢筋计算的柱端弯矩放大系数需达到2.0以上，才能够在一定程度上保证“强柱弱梁”机制的实现，而在超过设防大震水平的强烈地震作用下，这一系数可能需要更大。由于保证所有节点均满足“强柱弱梁”的条件既不经济也不现实，文献［57］提出部分柱铰屈服机制，即在遭遇强震时允许中柱的柱端屈服，但要求边柱强度更高以避免形成层间屈服机制。此外，在结构体系内部实现抗侧和承重的功能分区也可提高结构抗地震倒塌能力。新西兰规范[55]要求在设计钢筋混凝土框架结构时，一般将边榀框架设计得具有足够的刚度和强度以承受绝大部分水平地震作用，通过刚度较低的中间榀来承受绝大多数竖向重力作用。美国抗震规范[54]建议采用并联结构体系，即结构抗侧力和承重工作分别由独立的结构体系承担，这样当结构遭遇强烈地震作用时，即便抗侧力体系失效了，但承重体系不缺失，仍能保证结构不发生倒塌。

实现并联结构体系，需要对纯框架结构附加一个刚度较大的抗侧力体系，支撑框架结构体系、摇摆墙框架结构体系就是这样的双重结构体系。支撑框架结构体系中，有的利用钢材的塑性变形耗散能量，有的利用黏性或黏弹性材料耗散能量，由于斜撑屈服耗能时对应的层间位移角很小，从而起到保护承重体系——框架结构的作用，并能抵抗结构的层间变形[58]。摇摆墙框架结构体系由刚度较大的摇摆子结构与主体框架结构连接，实现整体破坏模式，其中，摇摆子结构与主体结构相连的部位可作为预期损伤部位，并可在这些位置设置耗能装置[59]。另一种卓越的损伤控制体系是隔震结构体系，其将变形几乎全部集中于隔震层，并可在该位置设置耗能装置来提高结构的耗能能力[60]。

众多学者针对上述损伤控制措施已进行了大量科学研究并已付诸工程实践，其中很多结构已经经历了实际强震的检验，比如采用铅芯橡胶隔震支座的芦山县人民医院大楼经历了7.0级地震的检验[61]、采用摇摆墙加固的日本东京工业大学G3教学楼经历了9.0级大地震的检验等[62]。

值得注意和反思的是，在汶川地震的倒塌结构中，没有一个结构采用了隔震体系、支撑体系、摇摆墙体系等先进的现代建筑抗震技术。究其原因在于经济条件的限制，因此发展价格低廉、适合在大量普通建筑中广泛推广的抗倒塌技术十分迫切。在这方面的研究中，针对简易基础隔震技术的研究相对较多。中国地震局工程力学研究所的李立研究员早在20世纪50年代末就开始研究建筑结构基础隔震技术，在探索了若干方法后，最终选取了造价最低的砂垫层隔震，并于1981年建成一座3层砖混房屋[63]。我国学者还对工程塑料板橡胶隔震支座、钢筋-沥青复合隔震、玻璃丝布板-石墨粉-玻璃丝布板复合隔震、隔震砖等简易隔震技术进行了研究[64]。2006年，日本学者[65]在E-Defense进行了比较固结基础和非固结基础对上部结构损伤影响的3层钢筋混凝土教学楼足尺模型的振动台对比试验。其中，非固结基础的实现方式为浇筑2层混凝土基础，并尽量保证下层基础顶面的平整度，在下层基础混凝土充分硬化后直接在下层基础顶面浇筑上层基础混凝土。试验表明，在PGA①=0.8g②的Kobe地震波激励下，固结基础结构底层出现严重破坏，层间位

① PGA：Peak ground acceleration，峰值地面加速度。

② g为重力加速度，下同。

移角达到 1/20；非固结基础结构的最大层间位移角仅为 1/250，结构轻微破坏。在简易并联结构体系研究方面，我国学者杨玉成等[66]进行了钢筋混凝土斜撑框架体系的振动台试验研究，并在天津市程林庄住宅进行了应用，但无法解决钢筋混凝土斜撑早早就开裂的问题。

在钢筋混凝土框架结构中增设翼墙的抗震加固方法布置灵活，施工简单，经济实用，具有很强的应用性。在这方面的研究中，国明超等[67]对 8 个带翼墙的短柱进行了静力加载试验，从构件层次上考察了其破坏模式和工作机理。张绍武等[68]基于 ABAQUS 对增设翼墙的钢筋混凝土柱进行了低周反复荷载作用下的抗震性能数值分析，研究不同轴压比、翼墙厚度等参数取值时柱的极限承载力、延性和耗能能力等的变化规律。张令心[69]、张鹏程[70]、林树枝[71]等基于 ETABS 软件建立了翼墙-框架结构整体模型进行时程分析，以考察其加固效果。中国地震局工程力学研究所的王财权和张令心[72]设计完成了缩尺比为 1∶5 的翼墙加固和未加固钢筋混凝土框架模型振动台对比试验，考察了两个模型在最大输入 PGA 达到 0.4g 时的地震响应规律。总体来看，目前针对翼墙加固结构在强震尤其是极震工况下非线性反应特征的研究相对较少，滞后于实际工程应用。为考察翼墙-框架结构体系在极震作用下的抗震性能特点及加固效果，本研究进行了一个缩尺比为 1∶4 的翼墙-框架结构模型振动台试验，详细分析增设翼墙对框架结构抗震性能的改善作用，为工程应用提供理论和技术支撑。

1.3　本 章 小 结

本章对国内外历次地震中钢筋混凝土框架结构的震害现象进行了整理分析，概括了国内外学者对于钢筋混凝土框架结构地震倒塌机理和抗倒塌加固措施的研究进展。

本章参考文献

[1] 黄思凝．外廊式 RC 框架地震破坏及倒塌机理研究[D]．哈尔滨：中国地震局工程力学研究所，2012.

[2] 郭迅．汶川大地震震害特点与成因分析[J]．地震工程与工程振动，2008，28(3)：74-87.

[3] 郭迅．汶川地震震害与抗倒塌新认识[C]//第八届全国地震工程学术会议论文集，2010：291-297.

[4] 许卫晓，孙景江，杨伟松，等．框架结构底层薄弱震害分析和改进措施研究[J]．地震工程与工程振动，2013，33(5)：138-144.

[5] 曲哲，和田章，叶列平．摇摆墙在框架结构抗震加固中的应用[J]．建筑结构学报，2011，32(9)：11-19.

[6] 中华人民共和国住房和城乡建设部．建筑抗震设计规范：GB/T 50011—2010[S]．北京：中国建筑工业出版社，2016.

[7] 中华人民共和国国家质量监督检验检疫总局．中国地震动参数区划图：GB 18306—2015[S]．北京：中国标准出版社，2015.

[8] 高孟潭，卢寿德．关于下一代地震区划图编制原则与关键技术的初步探讨[J]．震灾防御技术，2006，1(1)：1-6.

[9] 韩建平，吕西林，李慧．基于性能的地震工程研究的新进展及对结构非线性分析的要求[J]．地震工程与工程振动，2007，27(4)：15-23.

[10] KRAWINKLER H，MIRANDA E. Performance based earthquake engineering[M]．Boca Raton：CRC Press，2004.

[11] 叶列平，陆新征，李易，等．混凝土框架结构的抗连续性倒塌设计方法[J]．建筑结构，2010，40(3)：1-7.

[12] 张雷明，刘西拉．钢筋混凝土结构倒塌分析的前沿研究[J]．地震工程与工程振动，2003，23(3)：47-52.

[13] HAKUNO M. Simulation of 3-D concrete-frame collapse due to dynamic loading[C]//Proceedings of 11th WCEE．[S. l.]:[s. n.]，1996.

[14] 吴曼林，谭平，叶茂．建筑工程中结构振动控制研究应用综述[J]．水利建筑工程学报，2009，7(4)：19-26.

[15] MAZZOLANI F M. Experimental analysis of steel dissipative bracing systems for seismic upgrading [J]．Journal of Civil Engineering and Management，2009，15(1)：7-19.

[16] MAZZOLANI F M. Innovative metal systems for seismic upgrading of RC structures[J]．Journal of Constructional Steel Research，2008，64：882-895.

[17] AJRAB J J，PECKCAN G，MANDER J B. Rocking wall-frame structures with supplement tendon systems [J]. Journal of Structural Engineering，2004，130(6)：895-903.

[18] WADA A，QU Z，ITOH，et al. Seismic retrofit using rocking walls and steel dampers [C]//Proceedings of ATC/SEI Conference on Improving the Seismic Performance of Existing Buildings and Other Structures. [S. l.]:[s. n.]，2009.

[19] 叶列平，曲哲，陆新征，等．建筑结构的抗倒塌能力——汶川地震建筑震害的教训[J]．建筑结构学报，2008，29(4)：42-50.

[20] 清华大学，西南交通大学，重庆大学，等．汶川地震建筑震害分析及设计对策[M]．北京：中国建筑工业出版社，2009.

[21] 许卫晓．阶梯墙框架结构抗震性能及设计方法研究[D]．哈尔滨：中国地震局工程力学研究所，2014.

[22] BREEN J E. Research workshop on progressive collapse of building structures[R]．Washington，D. C. ：National Bureau of Standards，1975.

[23] 叶列平，林旭川，曲哲，等．基于广义结构刚度的构件重要性评价方法[J]．建筑科

学与工程学报，2010，27(1)：1-7.

[24] HOUSNER G W，JENNINGS P C. Earthquake design criteria[R]. Berkeley，California：Earthquake Engineering Research Institute，1982.

[25] PARK R. Improving the resistance of structures to earthquakes[R]. Canterbury，New Zealand：University of Canterbury，2000.

[26] 郭子雄．关于日本阪神地震震害现象的几点讨论[J]. 华侨大学学报，1996，17(2)：157-161.

[27] 戴君武，苗崇刚，安晓文，等．宁洱6.4级地震城市工程震害调查[J]. 地震工程与工程振动，2007，27(6)：51-57.

[28] LU X Z，YE L P，MA Y H，et al. Lessons from the collapse of typical RC frames in Xuankou School during the great Wenchuan Earthquake[J]. Advances in Structural Engineering，2012，15(1)：139-153.

[29] 白国良，薛冯，徐亚洲．青海玉树地震村镇建筑震害分析及减灾措施[J]. 西安建筑科技大学学报（自然科学版），2011，43(3)：309-315.

[30] 公茂盛，杨永强，谢礼立．芦山7.0级地震中钢筋混凝土框架结构震害分析[J]. 地震工程与工程振动，2013，33(3)：20-26.

[31] MASI A，SANTARSIERO G，LIGNOLA GP，et al. Study of the seismic behavior of external RC beam-column joints through experimental tests and numerical simulations[J]. Engineering Structure，2013；52：207-19.

[32] 叶列平，曲哲，马千里，等．从汶川地震框架结构震害谈“强柱弱梁”屈服机制的实现[J]. 建筑结构，2008，38(11)：52-59 +67.

[33] XU W X，SUN J J，YANG W S，et al. Shaking table comparison test and associate study of stepped wall-frame structure[J]. Earthquake Engineering and Engineering Vibration，2014，13(3)：471-485.

[34] 倪强，唐家祥．钢筋混凝土框架结构倒塌的计算机仿真研究[J]. 华中理工大学学报，1999，27(8)：49-51.

[35] MEGURO K，TAGEL-DIN H S. Applied element method used for large displacement structural analysis[J]. Journal of Natural Disaster Science，2002；24(1)：25-34.

[36] 金伟良，方韬．钢筋混凝土框架结构破坏性能的离散单元法模拟[J]. 工程力学，2005，22(4)：67-73.

[37] HAKUNO M，MEGURO K. Simulation of concrete-frame collapse due to dynamic loading[J]. Journal of Engineering Mechanics，1993，119(9)：1709-1723.

[38] 顾祥林，黄庆华，汪小林，等．地震中钢筋混凝土框架结构倒塌反应的试验研究与数值仿真[J]. 土木工程学报，2012，45(9)：36-45.

[39] 杜轲．强震下高层建筑反应模拟方法研究及其平台开发[D]. 哈尔滨：中国地震局工程力学研究所，2013.

[40] TAUCER F F, SPACONE E, FILIPPOU F C. A fiber beam-column element for seismic response analysis of reinforced concrete structure[R]. University of California, Berkeley: Earthquake Engineering Research Center, 1991.

[41] LUX, LU X Z, GUAN H, et al. Collapse simulation of reinforced concrete high-rise building induced by extreme earthquakes [J]. Earthquake Engineering & Structural Dynamics, 42: 705-723, 2013.

[42] 钟德理，冯启民．基于地震动参数的建筑物震害研究[J]. 地震工程与工程振动，2004，24(5)：46-51.

[43] HASELTON C B, DEIERLEIN G G. Assessing seismic collapse safety of modern reinforced concrete moment-frame buildings[R]. University of California, Berkeley: Earthquake Engineering Research Center, 2007.

[44] IBARRA L F, MEDINA R A, Krawinkler H. Hysteretic models that incorporate strength and stiffness deterioration[J]. Earthquake Engineering & Structural Dynamics, 2005, 34: 1489-1511.

[45] ZOU Y, LU X L. Shaking table model test on Shanghai World Financial Center Tower [J]. Earthquake Engineering and Structural Dynamics, 2007, 36: 439-457.

[46] DOLCE M, CARDONE D. Shaking table tests on reinforced concrete frames without and with passive control systems[J]. Earthquake Engineering and Structural Dynamics, 2005, 34(14): 1687-1717.

[47] ELWOOD J K. Shake table tests and analytical studies on the gravity load collapse of reinforced concrete frames[D]. Berkeley, CA: University of California, Berkeley, 2002: 118-171.

[48] WUC L, KUO W W, YANG S J, et al. Collapse of a nonductile concrete frame: shaking table tests [J]. Earthquake Engineering & Structural Dynamics, 2009, 38 (2): 205-224.

[49] 金焕．填充墙 RC 框架结构地震破坏机理及关键抗震措施研究[D]. 哈尔滨：中国地震局工程力学研究所，2014.

[50] 唐曹明．钢筋混凝土框架结构层刚度比限制方法研究[D]. 北京：中国建筑科学研究院，2009.

[51] 黄庆华．地震作用下钢筋混凝土框架结构空间倒塌反应分析[D]. 上海：同济大学，2006.

[52] 许卫晓，孙景江，杜轲，等．阶梯墙框架结构振动台对比试验研究[J]. 土木工程学报，2014，47(2)：62-70.

[53] Eurocode 8. Design provisions for earthquake resistance of structure[S]. Brussels: ENV 1998-1, CEN, 1994.

[54] American Concrete Institute Committee 318. Building Code Requirements for Structural

Concrete (ACI318-08) and Commentary (ACI 318R-02)[S]. Farmington Hills, Michigan: American Concrete Institute, 2002.

[55] Standards New Zealand. General structural design and design loadings for buildings: NZS4203 [S]. Wellington: Standard New Zealand, 1992.

[56] DOOLEY K L, BRACCI J M. Seismic evaluation of column-to-beam strength ratios in reinforced concrete frames[J]. ACI Structural Journal, 2001, 98(6): 843-851.

[57] 徐培蓁，牟犇．框架结构局部柱铰整体屈服机制的控制[J]．建筑结构学报，2014，35(9)：35-39.

[58] TSAI K C, HSIAO P C. Pseudo-dynamic tests of a full-scale CFT/BRB frame—Part Ⅰ: Specimen design, experiment and analysis[J]. Earthquake Engineering and Structure Dynamics, 2008, 37: 1081-1098.

[59] QU Z, WADA A, MOTOYUI S, et al. Pin-supported walls for enhancing the seismic performance of building structures[J]. Earthquake Engineering and Structural Dynamics, 41(14): 2075-2091.

[60] 周福霖．工程结构减震控制[M]．北京：地震出版社，1997.

[61] 王玉梅，熊立红，许卫晓．芦山7.0级地震医疗建筑震害与启示[J]．地震工程与工程振动，2013，33(4)：44-53.

[62] QU Z, SAKATA H, MIDORIKAWA S, et al. Lessons from the behavior of a monitored eleven-story building during the 2011 Tohoku earthquake for robustness against design uncertainties[J]. Earthquake Spectra, 2015, 31(3): 140514111412006.

[63] 李立．隔震与减震技术[M]．北京：地震出版社，1989.

[64] 周中一．村镇砌体结构新型抗震与隔震技术研究[D]．北京工业大学，2012.

[65] KABEYASAWA T, MATSUMORI T, KABEYASAWA T, et al. Plan of 3-D dynamic collapse tests on three-story reinforced concrete buildings with flexible foundation[C]//Proceedings of Sessions of the 2007 Structures Congress. Long Beach, California, USA, 2007.

[66] 杨玉成，黄浩华，孙景江，等．七层钢筋混凝土异型柱支撑框架结构模型振动台试验研究[J]．地震工程与工程振动，1995，15(1)：53-66.

[67] 国明超，栾曙光，鞠杨，等．钢筋混凝土带翼墙短柱抗震性能研究[J]．建筑结构学报，1996，17(3)：32-42.

[68] 张绍武，魏闯，陈涛，等．增设翼墙加固钢筋混凝土柱受力性能分析[J]．工程改造与加固，2013，35(4)：131-135.

[69] 张令心，王财权，刘洁平．翼墙加固方法对框架结构抗震性能的影响分析[J]．土木工程学报，2012，45(S2)：16-21.

[70] 张鹏程，袁兴仁．框架结构增设支撑与增设翼墙抗震加固方案对比[J]．土木工程学报，2010，43(S)：442-446.

[71] 林树枝，袁兴仁. 翼墙加固单跨框架抗震性能研究[J]. 工程改造与加固，2011，33(1)：99-105.

[72] 王财权. 单跨框架结构翼墙加固抗震性能研究[D]. 哈尔滨：中国地震局工程力学研究所，2012.

第2章

钢筋混凝土框架结构震害特征分析

破坏性地震的不断发生推动着地震工程学科的发展。深入总结钢筋混凝土框架结构的典型震害特征，并对其中的典型震害案例进行详细剖析，对提高钢筋混凝土框架结构的抗倒塌设计水平具有重要的指导意义。本章总结钢筋混凝土框架结构典型震害特点，对汶川地震中位于Ⅺ度区的典型倒塌结构——漩口中学教学楼，和设置抗倒塌措施的结构——北川盐务局宿舍楼的结构特点和震害特点进行详细分析。在此基础上，对钢筋混凝土框架结构的受力特点和损伤特性进行总结，从而为抗倒塌设计提供依据。

2.1 钢筋混凝土框架结构典型震害特点

国内外历次震害的调查结果[1-3]反映出钢筋混凝土框架结构主要有以下几个震害特点：设计预期的“强柱弱梁”破坏机制难以实现，广泛出现“强梁弱柱”破坏机制；由于填充墙的不合理设置，易形成“短柱”破坏效应，甚至形成整体结构的薄弱层破坏；梁柱节点区发生剪切破坏；女儿墙等屋面构件破坏、楼梯间破坏、吊顶等装饰类部件破坏等。在整体结构失效模式方面，突出表现为层屈服机制，大量出现底层坍塌或底部几层倒塌，少部分结构中间出现薄弱层破坏，在极高烈度区出现大量结构完全倒塌的情况。下面具体介绍这些破坏特点。

2.1.1 “强梁弱柱”破坏

大量结构出现“强梁弱柱”破坏模式［图2-1b)、c)］，极少数情况下能够形成梁铰破坏机制。图2-1a) 所示的结构在局部没有楼板，破坏出现在梁端。对于“强柱弱梁”破坏机制难以实现的原因，众多学者[4-6]进行了研究，得出的影响因素主要有：①填充墙砌筑在梁上，对梁的刚度有一定增大作用；②现浇楼板的参与对框架梁刚度和强度的增强作用；③梁端钢筋超配和实际强度超强；④结构在大震下的非线性受力状态与计算模型中的弹性状态存在差别；⑤梁柱构件的可靠度存在差异。

2.1.2 填充墙引起的短柱破坏

由于设置门窗洞口、走廊处设置矮墙等使用功能方面的要求，在局部布置填充墙引起不合理受力，容易对框架柱的变形构成一定限制，从而在实际上缩短了框架柱高而形成

“短柱”（图2-2）。“短柱”部位刚度增大，分担的地震剪力也增大，且变形能力弱，延性差，易发生脆性破坏。这种破坏模式在国内外历次地震中均大量出现，如图2-3所示。

a) 北川县城某建筑框架梁端破坏

b) 都江堰临湖别墅底层柱铰破坏

c) 红白镇某框架结构底层柱铰破坏

图2-1　“强柱弱梁”与“强梁弱柱”破坏（汶川地震）

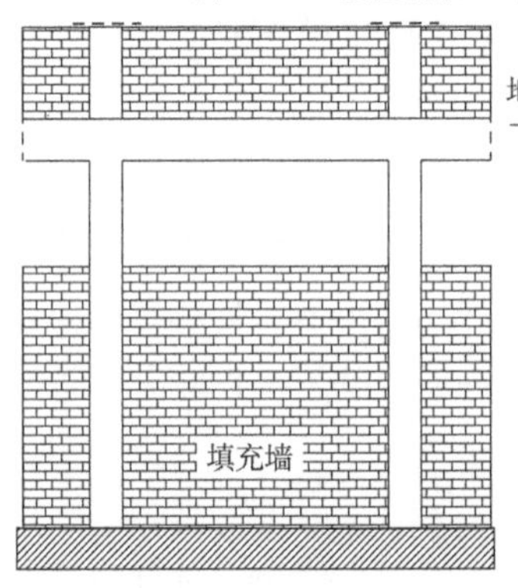

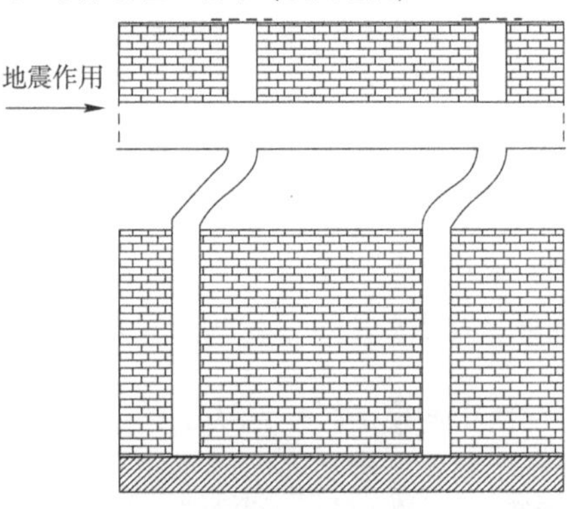

图2-2　填充墙导致短柱效应

a) 汶川地震

b) 集集地震

图　2-3

c) 土耳其 Adana-Ceyhan 地震

图 2-3　填充墙引起的短柱破坏

2.1.3　节点区破坏

“强节点，弱构件”是保障结构整体性的关键。各国抗震规范通过节点区的抗剪计算和梁筋的锚固要求来保证节点区的安全性，但实际震害中仍然出现了大量由于箍筋设置不足、纵筋黏结滑移、梁筋锚固不足、节点区混凝土浇筑质量差、框架柱施工缝处置不当等因素导致的节点区破坏，如图 2-4 所示。

a) 映秀镇某框架结构

b) 绵阳市某框架结构

c) 都江堰某框架结构

图 2-4　梁柱节点破坏（汶川地震）

2.1.4 其他破坏

此外，还有大量非主要承力构件的破坏，如填充墙开裂倒塌、楼梯破坏、出屋面的女儿墙破坏脱落、吊顶等装饰类破坏等，如图 2-5 所示。

a) 填充墙倒塌

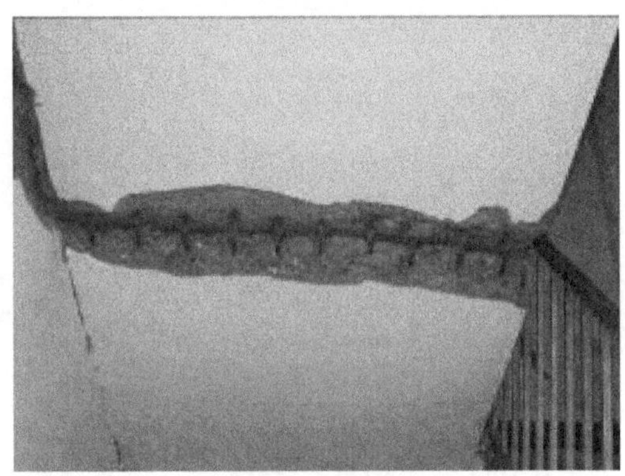

b) 楼梯拉断

c) 女儿墙脱落

d) 吊顶破坏

图 2-5 钢筋混凝土框架结构的其他破坏

2.1.5 整体破坏模式

在整体结构失效模式方面，大量出现由柱铰机制导致的层屈服破坏模式。大量出现底层坍塌或底部几层倒塌，少部分结构中间出现薄弱层破坏，在极高烈度区出现大量结构完全倒塌的情况，如图 2-6 所示。结构中间层出现薄弱层破坏，多是由于结构竖向刚度在相应楼层出现突变，如图 2-6b）中结构底层设置了抗震墙，结果第 2 层成为薄弱层。在 1995 年日本阪神 7.2 级地震中，出现很多软弱中间层震害。造成中间层倒塌的原因主要有两方面：一是日本旧的建筑规范（1981 年以前版本）假定结构地震作用沿各楼层均匀分布，而非倒三角形分布，导致中间层设计剪力偏小；二是日本当时的常见工程做法是，对于 7 层以上框架房屋，其下部几层采用钢-混凝土组合结构，上部楼层采用普通钢筋混凝土结构，导致转换层出现大量严重破坏。在汶川地震中，底层薄弱的层屈服破坏模式非常突出，大量框架结构底部出现严重破坏或倒塌，而上部各层破坏相对轻微得多。

a) 汶川地震北川中学教学楼底部2层倒塌

b) 汶川地震映秀镇某结构第2层倒塌

c) 汶川地震北川县绿宝宾馆大楼底部3层倒塌

d) 汶川地震北川某5层结构完全坍塌

图 2-6　钢筋混凝土框架结构整体破坏

2.2　钢筋混凝土框架结构典型震害案例剖析

2.2.1　漩口中学教学楼结构设计及震害

漩口中学位于汶川地震两个极震区之一的汶川县映秀镇，地震烈度达到Ⅺ度。汶川地震中，卧龙台站采集到的强震记录东西向加速度峰值约为 1.0g，南北向加速度峰值约为 0.65g，可见漩口中学所在的震中地区地震加速度峰值可能超过 1.0g。

漩口中学建筑群布局见图 2-7，在汶川地震中的部分建筑震害情况航拍图见图 2-8。漩口中学共有 14 栋建筑，其中 10 栋为独立框架结构，其余 4 栋为砖混结构。14 栋结构中，倒塌 6 栋，其中 5 栋为框架结构。发生倒塌的建筑结构为：教学楼 A、B、D、E 以及教工宿舍楼 I（均为框架结构），学生宿舍楼 J（砖混结构）。根据结构设计图纸和施工图可知，教学楼 A 和 B 的设计及配筋等参数基本相同，本书第 3 章中的试验即选取教学楼 A 为原型结构。教学区 5 栋设计基本相同的外走廊式教学楼中有 4 栋倒塌，倒塌形式均为底层柱失效引发整体倒塌，上部各层整体向教室侧倒塌，而最靠近倒塌教学楼 A、B、D、E 的框架结构办公楼 H 和楼梯间 G 均未倒塌，办公楼 H 为内走廊式设计，横向多跨，楼梯间 G 空旷且自重轻，底部框架结构未设置填充墙，保证柱有较好延性，且柱平面分布也与外廊式教学楼不同。说明教学楼 A 这种外廊式框架结构存在着结构设计问题。其余建筑物震害详细情况不再赘述，参见文献［7］。

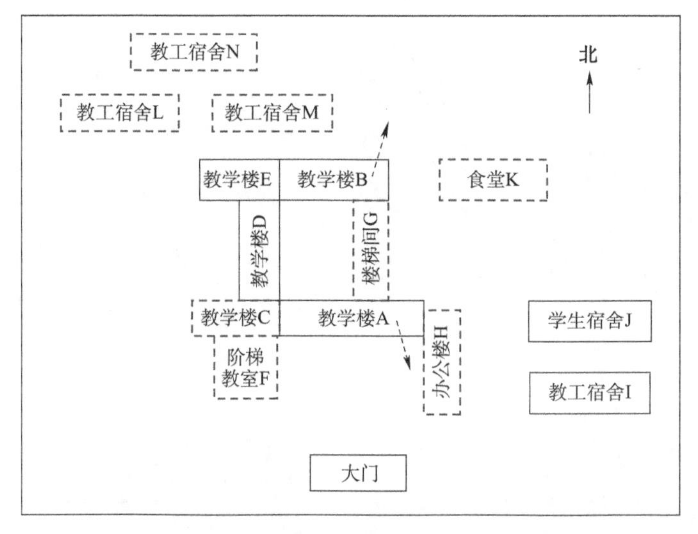

图 2-7　漩口中学建筑群平面分布

图 2-8　漩口中学建筑群总体震害航拍图

根据教学楼设计图纸，可知漩口中学教学楼 A 的详细结构设计情况。漩口中学教学楼 A 于 2007 年建成使用，为全现浇钢筋混凝土框架填充墙结构，地上主体为 5 层，独立柱基，底层高 4.05m，上部各层层高为 3.6m，总建筑高度为 22.05m，总建筑面积为 3618.30m^2。结构按照《建筑抗震设计规范》（GB/T 50011—2001）、03G101-1 图集以及中国建筑西南设计研究院西南 05G701 图集（框架轻质填充墙构造图集）等设计，当地抗震设防烈度为Ⅶ度，设计地震分组为第一组，设计基本地震加速度峰值为 0.10g；框架抗震等级为三级，抗震设防类别为丙类；场地类别为Ⅱ类。框架梁、柱及现浇楼板均采用 C30 混凝土，梁柱纵筋钢筋采用Ⅱ级钢筋 HRB335，楼板及箍筋钢筋采用Ⅰ级钢筋 HPB235。构造设置详见第 3 章。

漩口中学教学楼 A 立面示意图见图 2-9，平面示意图见图 2-10。图 2-9 简单示意漩口中学教学楼 A 外侧填充墙布置情况，中间为二层楼梯及大厅，未完全刻画外观装饰。本书第 3 章取漩口中学教学楼 A 一侧的一个教室单元（轴⑭～⑯）进行试验，平面图见图 2-11，柱、梁配筋图分别见图 2-12 及图 2-13。

由平、立面图可见，由于学校建筑的外走廊设计要求，结构横向仅设计两跨且不等距。考虑学校建筑的使用功能要求，为使采光充足且开洞高度及宽度与走廊侧对称布置，整个教室的外侧（边榀）填充墙设置高度与外廊侧相同，约为层高的 1/4，且纵向满跨布置。很多学校建筑具有以上一点或者几点特征。

漩口中学教学楼 A 倒塌前外观见图 2-14，整栋建筑倒塌情况见图 2-15。教学楼 A 与 B 横向均为 2 跨，教室跨度远大于走廊。在地震中，教室一侧底层角柱率先失效造成整栋建筑垮塌，底层被压垮后上部各层向教室侧倒塌，整栋结构倒塌方向基本沿横向，即向东南偏南方向倒塌。教学楼 A 与 B 教室侧位于建筑北面，向东北方向倒塌。教学楼 A 东面为办公楼 H，由图 2-16 可见，办公楼 H 临教学楼 A 面有大面积撞击痕迹，说明教学楼 A 确为东南面角部先垮塌，在向东南面倒塌时被办公楼 A 阻挡。由图 2-15 及图 2-17 可见，教学楼 A 前面大平台及楼梯部分未发生倒塌。教学楼 A、B 外廊侧倒塌情况分别见图 2-18、图 2-19。由于教学楼 A 外廊柱整体受损较轻，仅在柱顶出铰，所以倒塌时底层廊柱并未倒塌，整栋结构随着教室一侧的塌落而在底层柱顶处折断；廊柱柱脚未断裂，不能随着上部向教室侧倒下，所以底层廊柱仍直立或者被挤到与教室侧相反方向，而第 2 层到第 5 层全部向南面教室侧倒塌。从图 2-18 可见结构的横向中柱榀在底层向外廊侧倒塌，说明结构角部（发生倒塌一角）横向中间一榀柱在结构倒塌初始时不是两端成铰而失效，而是与前述廊柱情况类似，整栋建筑的中柱在底层顶部先折断，在底层中柱被塌落的上部结构挤向外廊一侧的同时，底部折断。图 2-19 中教学楼 B 走廊端部自底层至顶层沿纵向逐渐向东倒塌，纵向侧移较大，说明东西向地震作用对结构整体震害的影响不可忽视。

由图 2-18 及图 2-19 可见，教学楼 A 和 B 为柱铰破坏机制，由于结构整体向教室边柱一侧倒塌，所以可见廊柱和中柱的具体破坏情况。图 2-20、图 2-21 显示，廊柱在地震过程中未出现柱两端成铰失效情况，底层廊柱大部分仍直立，廊柱破坏主要在柱顶，其中角柱节点区严重破坏。图 2-20 及图 2-21 圆圈区域显示，各廊柱柱中低矮填充墙顶部高度处均出现混凝土压碎剥落情况，纵向混凝土剥落较多，而横向没有矮墙约束的相同部位损伤较轻，整个廊柱在柱顶处断裂。

图 2-22～图 2-24 为底层倒塌发生处中柱损伤情况。图 2-22、图 2-23 圆圈区域显示结构底层中柱在柱顶折断，在边缘出现表面混凝土脱落情况。图 2-23 显示中柱顶端断面较整齐，说明该柱柱顶在倒塌前损伤较轻微。图 2-24 中圆圈标示的柱为结构横向边榀中柱，在柱顶折断，而整个柱仍然直立，并且在柱根处未见严重损伤。综上，结构倒塌引发区域的中柱损伤情况与廊柱类似，柱顶损伤较重。由柱顶损伤情况可判断，底层中柱并非因两端成铰后完全失效而倒塌，而是因为教室侧边柱垮塌后上部结构受重力作用下挫而折断。

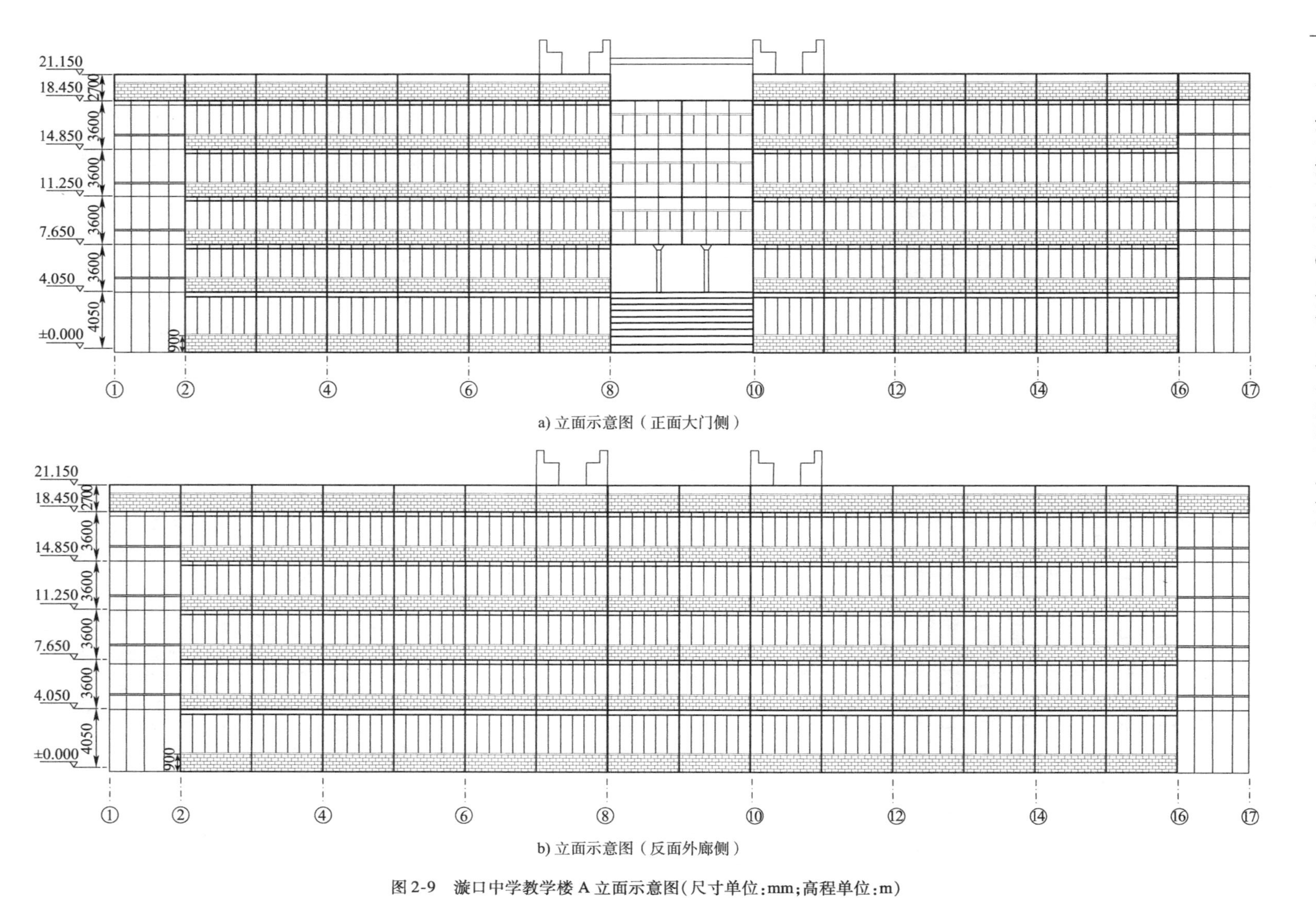

a) 立面示意图（正面大门侧）

b) 立面示意图（反面外廊侧）

图 2-9 漩口中学教学楼 A 立面示意图(尺寸单位:mm;高程单位:m)

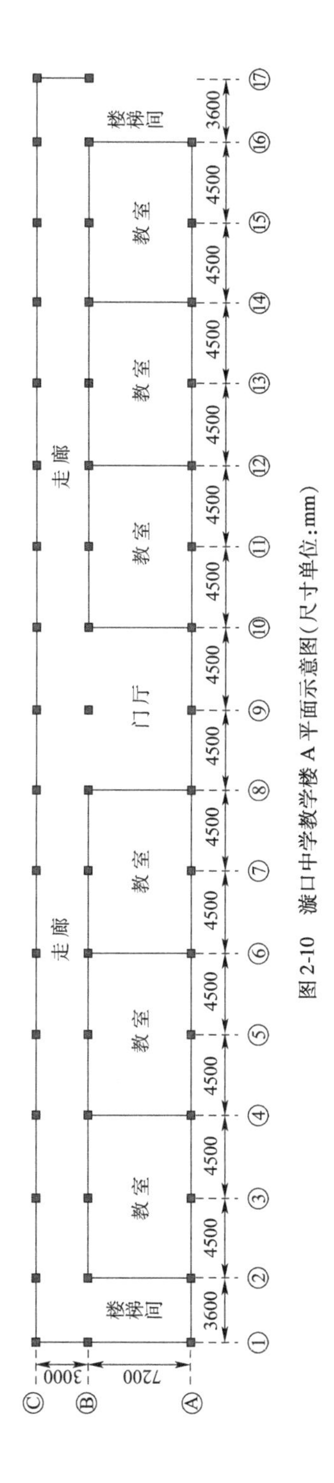

图 2-10　漩口中学教学楼 A 平面示意图(尺寸单位:mm)

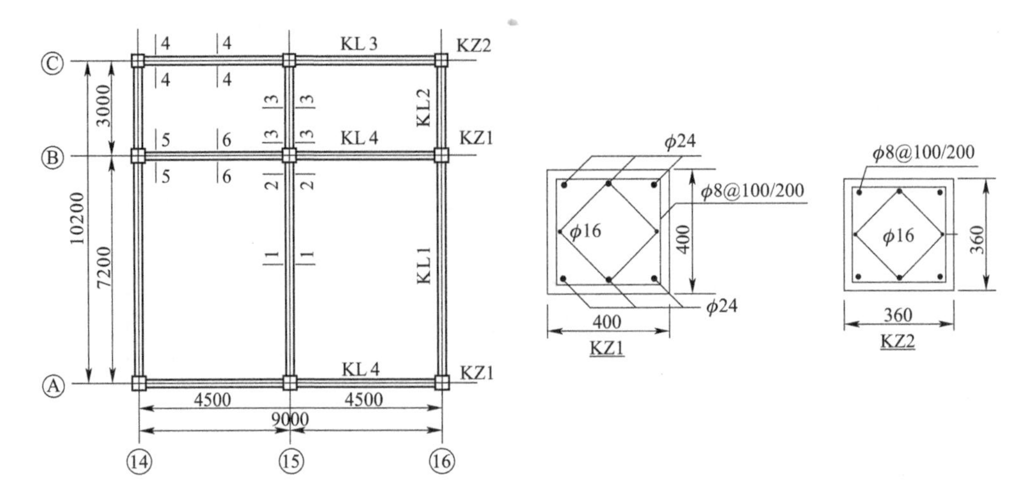

图 2-11　试验所取一个教室单元的结构平面图（尺寸单位：mm）

图 2-12　柱配筋图（尺寸单位：mm）

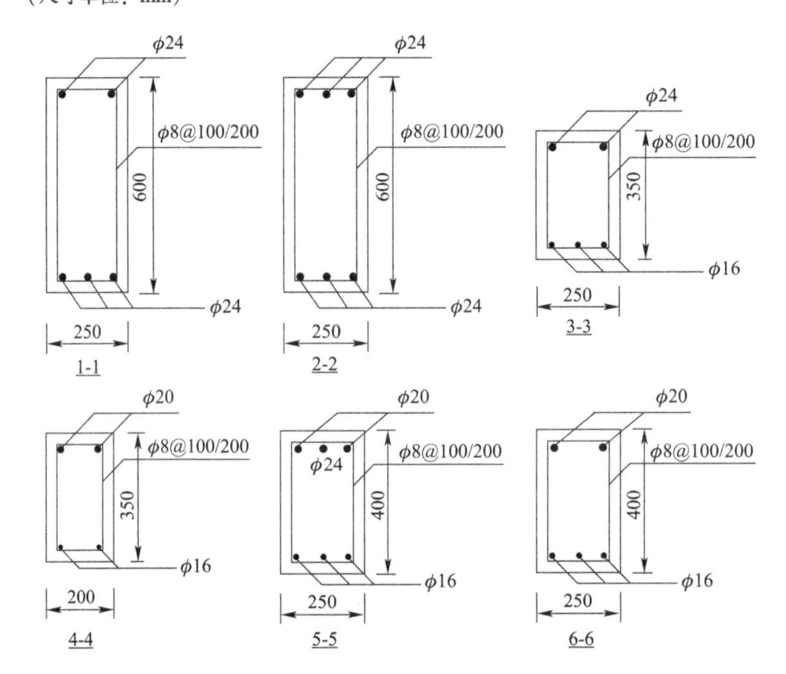

图 2-13　梁配筋图（尺寸单位：mm）

图 2-14　漩口中学教学楼 A 震前外观图

图 2-15　漩口中学教学楼 A 教室侧倒塌情况

图2-16　漩口中学办公楼H与教学楼A撞击面

图2-17　漩口中学教学楼A中部二层平台底部

图2-18　漩口中学教学楼A外廊侧倒塌情况

图2-19　漩口中学教学楼B外廊侧倒塌情况

图2-20　漩口中学教学楼A外廊东侧角部

图2-21　漩口中学教学楼A廊柱破坏

图2-22　教学楼A中柱柱顶破坏情况

图2-23　漩口中学教学楼A中柱破坏情况

图 2-24　教学楼 A 倒塌侧中柱站立

教学楼 A 横向填充墙震害情况见图 2-25、图 2-26。教学楼 A 第 2 层中部平台部分未倒塌，造成该部分的一间教室仍有空间，可见教室的横向填充墙在教室一跨设置满砌，采用空心砌块。图 2-25 中圆圈标示区域显示横墙设置了 2 道构造柱，墙内有水平拉结筋，整个横向填充墙砌块间砌筑强度较高，墙体基本未垮塌，只出现单向斜裂缝，可见填充墙在地震中受到往复水平地震剪力后未出现大的交叉斜裂缝而脱落，墙体是因结构向教室一侧倒塌后受两侧柱挤压而整体掉落。横墙的震害说明该结构的填充墙虽然为空心砌块，但由于构造措施、满砌、外涂层等因素，强度与刚度仍较高，在地震中不易脱落。

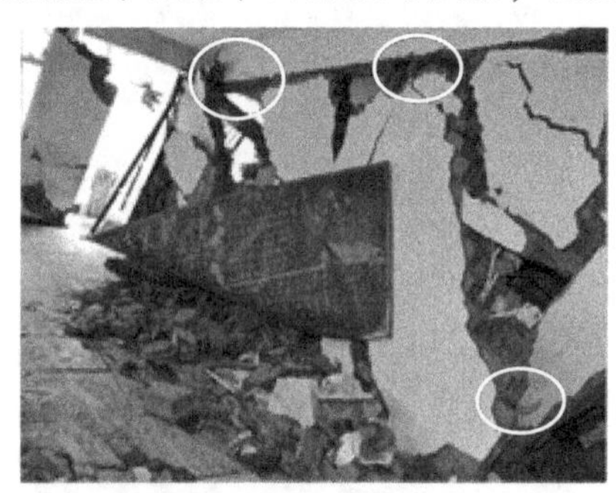

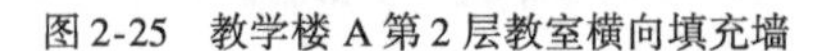

图 2-25　教学楼 A 第 2 层教室横向填充墙

图 2-26　教学楼 A 中柱柱顶断面

图 2-26 中，圆形截面柱显示该教室为中部与平台相接的教室，教室两侧均为同样高度的窗户，窗户开洞后直接与柱相连，上部未设置其他填充墙，窗下为沿柱分布方向满砌布置的低矮填充墙。这是整个教学楼 A 中教室填充墙的设置方案。

此外，由以上整体震害情况可知，整个教学楼 A 走廊外侧沿纵向设置的填充墙由于抗侧刚度大、变形能力小而未见砌块掉落等严重损坏，第 2 层以上有可见斜裂缝，第 1、2 层填充墙由于外贴面及顶部混凝土压顶等设计基本未见斜裂缝开展。说明纵向低矮填充墙抗侧刚度高，这个特点使其约束了柱根部不受损坏，但是极易在混凝土压顶高度处和柱顶形成较大弯矩，在侧边柱总轴压较高时也易形成短柱效应而造成剪压破坏。

漩口中学教学楼结构设计特点能代表一部分学校教学楼的建筑特征。综合以上设计情况及震害可知：漩口中学教学楼 A 在地震中受到双向地震力综合作用而发生倒塌，而廊柱和中柱损伤并未达到导致倒塌的程度，其中廊柱一侧破坏最轻，整体纵向填充墙未出现混凝土剥落，柱在纵向有轻微剥落，仅在角柱柱顶出现钢筋出露。以上损伤分布说明教室侧的大跨度设置使得教室边柱轴承受显著高于其他两轴的地震作用。横向布置的填充墙在倒塌前未完全脱落将造成横向边榀遭受更大地震剪力。纵向低矮填充墙的布置造成的柱弯曲高度减小、柱端弯矩增大已经在廊柱一侧的损伤分布得到体现。由此可知，在教室边榀设置低矮填充墙会使附加弯矩过大，导致动轴压最高而造成显著破坏。因此，可以初步判定结构的倒塌由教室侧边榀引发，结构整体呈现柱铰破坏机制且损伤分布不均表明其结构设计存在问题。

图2-27、图2-28分别为与倒塌教学楼A、B、D、E距离最近的两栋未倒塌的框架结构——办公楼H和楼梯间G。前者为内走廊式框架结构，横向多跨。后者整体空旷，自重较轻，层数低，横向两跨柱间距基本相同，且底层柱未设置约束柱的矮填充墙。这两栋结构未倒塌，反映了教学楼A抗震性能的不足。

图2-27　框架结构办公楼H

图2-28　教学楼中央楼梯间G

2.2.2　北川盐务局宿舍楼结构设计及震害

汶川地震震中烈度高达Ⅺ度，Ⅵ度区以上面积多达23万km^2，造成了数量巨大的框架结构震害案例。总结框架结构的震害特征，发现其典型破坏模式为下重上轻，底部薄弱，破坏与倒塌均起始于底层。在国内外的其他地震中，规则钢筋混凝土框架结构基本都表现为该种破坏模式[8]。汶川地震中发生倒塌的底层框架结构主要破坏模式为底层框架倒塌，但也有少量底层框架结构出现了底层框架未倒塌、上部砖混结构倒塌的情况。在汶川地震中，北川县内各种结构类型的房屋中，底层框架结构的倒塌率最高。

北川盐务局宿舍楼是一栋底层框架结构，共7层，位于汶川地震Ⅺ度区却没有因底层薄弱发生倒塌。结构外观见图2-29，其底部框架的特点是在框架柱边缘设置了翼墙。图2-30为北川盐务局宿舍楼附近一栋倒塌的未加翼墙的纯框架结构。北川盐务局宿舍楼在汶川地震中虽然严重破坏，但破坏主要集中在翼墙和梁，设置的翼墙耗能充分，从外观看各层破坏均匀，未形成可引发结构承重失效的薄弱层或者薄弱构件，结构表现出优异的抗震能力，不仅做到了“大震不倒”，更做到了远超过设防大震水平的“巨震不倒”。

图 2-29　北川盐务局宿舍楼震后外貌（中间建筑）　图 2-30　北川盐务局宿舍楼附近纯框架结构倒塌

在地震发生后的科考中获得了北川盐务局宿舍楼的部分设计信息，测量了底层框架部分的尺寸，获得了底层框架的平面设计图，见图 2-31，图中横、纵向翼墙尺寸均为 240mm × 700mm，翼墙以小写字母编号。用回弹仪测试框架柱强度，约相当于 C30 混凝土。底层层高 4m。

从图 2-32 可见结构整体震害情况。上部砌体纵墙呈现剪切斜裂缝，底部框架柱破坏比较轻。在结构纵向⑤、⑥轴线处结构柱破坏严重，是由于地基隆起或者不均匀沉降造成局部压剪破坏，见图 2-33。

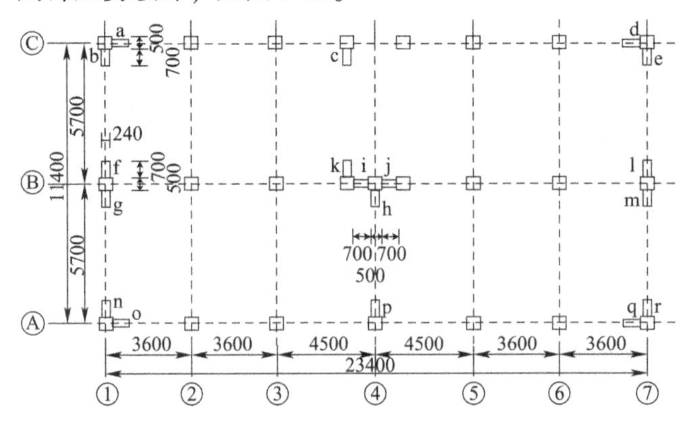

图 2-31　北川盐务局宿舍楼底层框架柱网平面图（尺寸单位：mm）

图 2-32　北川盐务局宿舍楼整体破坏图

图 2-33　北川盐务局宿舍楼结构底层⑤、⑥轴框架柱及梁剪切裂缝

除图 2-33 所示的个别震害情况外，该结构由于增加翼墙，框架柱得到保护，损伤主要发生在翼墙及梁上，破坏模式见图 2-34。翼墙主要破坏形式为翼墙根部混凝土压碎，翼

墙上端与梁相交区域压溃，混凝土剥落，钢筋出露屈曲，梁端形成剪切或弯曲型裂缝，梁高与翼墙宽度的比值决定了梁端的不同破坏形式。图2-34i）加框区域为翼墙，设置在两框架柱之间（较少），在地震中出现了均匀的交叉型斜裂缝，充分耗能，使得框架柱破坏较轻。

a) 角柱翼墙a、b及梁破坏　b) 角柱翼墙d、e及梁破坏　c) 角柱翼墙n、o及梁破坏

d) 角柱翼墙q、r及梁破坏　e) 翼墙q梁端斜裂缝　f) 中柱翼墙f、g压溃

g) 中柱翼墙l、m破坏　h) 梁端及翼墙p破坏　i) 楼梯间所加翼墙i、g、h破坏

图2-34　北川盐务局结构底层翼墙及梁破坏情况

由总体破坏情况可知，结构所加翼墙充分参与工作，翼墙作为竖向结构构件大大增强了框架整体抗侧及承载能力，使受压破坏区域从框架柱转移到翼墙上，有效地保护了框架柱及节点区域，避免了竖向承重构件先失效。由于该结构上部为7层砌体且横向跨度大(5.7m)，所以横向梁截面高度设计得较大（0.8～1m)，仍在地震中形成大量梁端破坏，说明增加翼墙的设计能够促进“梁铰”破坏机制的形成。

北川盐务局宿舍楼处于极震区，其底层框架结构的震害反映其具有良好的抗震性能及合理的损伤模式，这提示我们应关注翼墙加固方法，以改善极震区多层钢筋混凝土框架结构，尤其是漩口中学教学楼类型的学校常用结构的抗倒塌能力。

2.3 钢筋混凝土框架结构受力特征分析

2.3.1 钢筋混凝土框架结构损伤机制分析

基于理论分析和以上震害调查结果可知，钢筋混凝土框架结构体系的受力特点表现为：

(1) 在梁柱子结构层面上，梁柱节点应力集中显著；上部各楼层的水平剪力、重力及倾覆力矩产生的附加轴力都由框架柱承担，而且在结构底部几层，由水平荷载所产生的柱端弯矩亦显著增加，框架柱受力情况苛刻，易形成塑性铰，即使按照规范规定的增加柱设计弯矩值也难以改变这一情形；框架梁还受到楼板参与等增强作用，导致“强柱不强，弱梁不弱”，难以实现设计期望的“强柱弱梁”破坏模式，继而发展成为“柱铰”屈服机制，形成层倒塌模式。

(2) 在整体结构层面，结构抗侧刚度小，属柔性结构，在强震作用下易产生较大的水平位移，造成严重的非结构构件破坏；抗震防线单一，冗余度不足，结构抗侧力和承重工作构件功能不区分，框架柱在这两方面工作中均承担着至关重要的角色。在地震作用下，框架柱损伤逐步加重，伴随着表面混凝土剥落，核心区抗剪及抗弯能力下降，承受重力荷载的能力也逐步下降，发生竖向下挫，在重力作用下最终导致结构发生倒塌。此外，多层钢筋混凝土框架结构的地震反应主要由第一振型控制，导致地震剪力在下部楼层累积，且其剪切型变形模式导致下部楼层的层间变形大于上部楼层，从而使损伤易集中于底部楼层，难以实现各楼层均匀损伤耗能。

上述因素共同导致了钢筋混凝土框架结构难以实现图2-35a）所示的整体型梁铰屈服机制；在强震作用下，多形成图2-35b）所示的局部型柱铰层倒塌模式，且多发生在结构底层。

值得注意的是，在极高烈度区，仍有少量像前述北川盐务局宿舍楼那样未倒塌的结构，这样的实例表明经过合理设计和施工的钢筋混凝土框架结构在极震下也能保持良好的整体性，能有效减少大震时的人员伤亡和财产损失。

像北川盐务局宿舍楼那样设置一定数量的落地剪力墙，相当于增加了一道抗震防线，剪力墙将分担一定比例的水平剪力和竖向荷载，从而减小柱端弯矩，框架柱受力情况大大改善（图 2-36），在很大程度上可以避免柱端塑性铰及层屈服机制的产生。增设剪力墙后，增大了楼层抗侧刚度，减小了层间变形，提高了结构的整体性，避免建筑变形过大而整体倒塌。北川盐务局宿舍楼的剪力墙上出现的斜向交叉网状裂缝还表明落地剪力墙在耗能方面也发挥了一定作用。

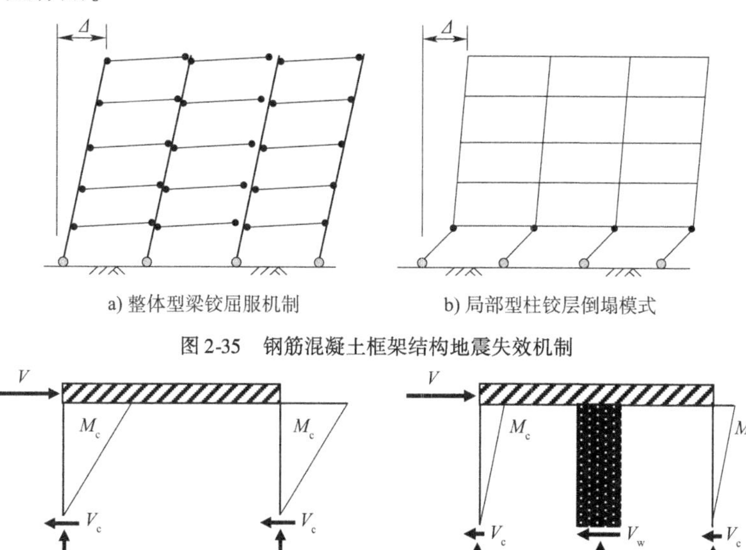

a) 整体型梁铰屈服机制　　b) 局部型柱铰层倒塌模式

图 2-35　钢筋混凝土框架结构地震失效机制

a) 纯框架结构　　b) 附加落地剪力墙的框架结构

图 2-36　附加落地剪力墙对框架柱受力情况的改善作用

V-框架结构所受的水平剪力；V_c-框架柱分担的水平剪力；V_w-剪力墙分担的水平剪力；N_c-框架柱分担的竖向荷载；N_w-剪力墙分担的竖向荷载；M_c-柱端弯矩

震害调查比较充分地说明落地剪力墙可极大地提高框架结构抗倒塌冗余度及整体性，为探寻可靠的抗倒塌加固和设计方案提供了思路。本研究将通过两个地震模拟振动台试验重现纯框架和带剪力墙框架的破坏过程，进一步验证合理布置剪力墙后整体结构的抗震性能的改善程度。

2.3.2　框架柱破坏模式及影响因素

钢筋混凝土框架柱的破坏模式主要有三种：弯曲破坏、剪切破坏、弯剪破坏。弯曲破坏属于延性破坏，在整个损伤过程中能够耗散大量的地震能量。剪切破坏属于突发性的脆性破坏，耗能能力差，几乎没有延性。弯剪破坏介于前两者之间，具备一定的耗能能力和延性[9]。

1）弯曲破坏

弯曲破坏的破坏过程为：受拉纵筋率先屈服，而后受压区混凝土达到极限压应变，构件破坏，如图 2-37 所示。在整个破坏过程中，水平剪力始终小于构件的抗剪承载力。主要破坏形态为：柱端塑性铰区出现大量密集水平弯曲裂缝，最终纵筋屈曲，混凝土压碎，形成明显塑性铰。弯曲破坏主要发生在剪跨比较大、轴压比较小、配箍充分的钢筋混凝土框架柱中。

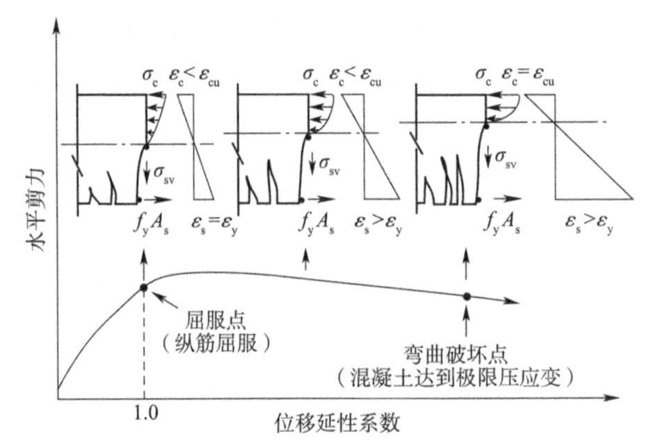

图 2-37 弯曲破坏过程

f_y-钢筋抗拉强度设计值；A_s-受拉区纵向非预应力钢筋的截面积；σ_c-混凝土压应力；σ_{sv}-箍筋拉应力；ε_c-混凝土压应变；ε_{cu}-混凝土极限压应变；ε_s-钢筋拉应变；ε_y-钢筋屈服拉应变

2）剪切破坏

剪切破坏的破坏过程为：箍筋屈服，突然出现贯穿整个截面的宽斜裂缝，构件破坏，如图 2-38 所示。在整个破坏过程中，纵筋始终未屈服，破坏由受剪承载力控制。主要破坏形态为：混凝土出现剪切斜裂缝并且快速发展，构件脆性破坏，几乎没有延性。剪切破坏主要发生在剪跨比较小、轴压比较大、配箍不充分的钢筋混凝土框架柱中。

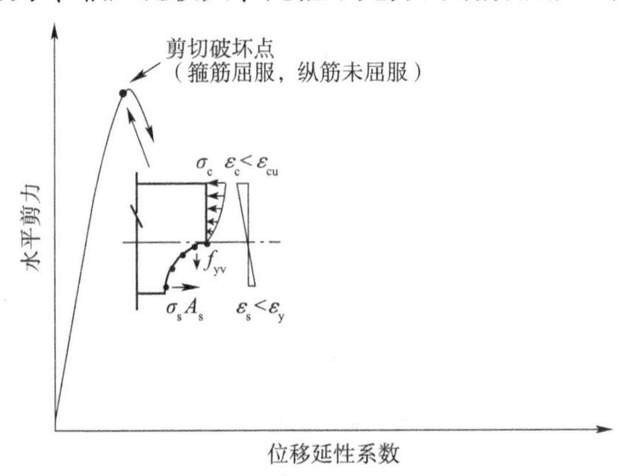

图 2-38 剪切破坏过程

σ_s-钢筋拉应力；A_s-受拉区纵向非预应力钢筋的截面积；σ_c-混凝土压应力；f_{yv}-箍筋抗拉强度设计值；ε_c-混凝土压应变；ε_{cu}-混凝土极限压应变；ε_s-钢筋拉应变；ε_y-钢筋屈服拉应变

3）弯剪破坏

弯剪破坏介于上述两种破坏模式之间，其破坏过程为：受拉纵筋首先屈服，柱端形成塑性铰，随着柱混凝土有效抗剪面积减小，箍筋发生屈服，构件发生剪切破坏，受压区混凝土未达到极限压应变，如图 2-39 所示。弯剪破坏主要破坏形态为：混凝土剥落，纵筋外露压曲，箍筋屈服。

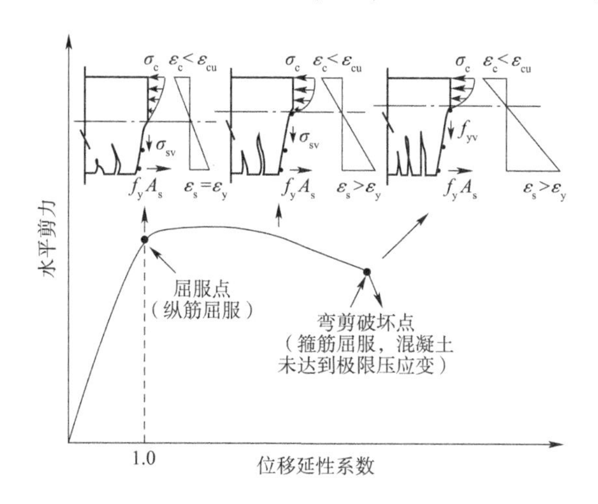

图 2-39 弯剪破坏过程

f_y-钢筋抗拉强度设计值；A_s-受拉区纵向非预应力钢筋的截面面积；σ_c-混凝土压应力；σ_{sv}-箍筋拉应力；f_{yv}-箍筋抗拉强度设计值；ε_c-混凝土压应变；ε_{cu}-混凝土极限压应变；ε_s-钢筋拉应变；ε_y-钢筋屈服拉应变

在上述 3 种破坏模式中，框架柱抵抗地震作用的过程可以分为 2 类：抗弯和抗剪作用。基于纤维模型和平截面假定，可以较好地解释弯矩与轴力耦合作用下构件的作用机理。钢筋混凝土框架柱在水平地震作用下的抗剪承载力主要由核心区混凝土（拱作用）和箍筋（桁架作用）提供。Park 等[10-12]的研究表明：在初期，抗剪承载力主要由混凝土提供，而后随着混凝土斜裂缝的不断发展，混凝土提供的抗剪承载力逐渐减小，箍筋提供的抗剪承载力逐渐加大，原因主要为：一是在反复荷载作用下，混凝土保护层压溃剥落导致混凝土抗剪面积减小；二是由于核心区混凝土斜裂缝的发展，导致剪切破坏面集料的咬合力降低，抗剪承载力退化。在国内外学者提出的钢筋混凝土柱抗剪承载力公式中[13-16]，由混凝土提供的抗剪承载力部分大多引入了与抗剪承载力呈正相关的位移延性系数和轴向力，其中位移延性随着轴压比的增大和剪跨比的减小而减小。

在上述抗弯和抗剪作用中，剪跨比反映了构件截面正应力与剪应力之比，是影响构件剪切破坏的关键因素；轴压比是影响构件弯曲破坏模式的关键因素。除此之外，纵筋配筋率、箍筋配筋率、钢筋和混凝土强度等因素也影响构件的破坏模式。下面简述剪跨比和轴压比对框架柱破坏模式的影响：

1）剪跨比的影响

剪跨比反映了构件截面正应力与剪应力之比。大量研究表明，随着剪跨比减小，抗剪承载能力逐步降低，且降低幅度逐渐变缓[9]。文献［17］的试验研究表明当剪跨比小于 2 时，在轴力和水平反复荷载作用下，构件斜裂缝数量较少，但发展迅速，呈现明显的脆性剪切破坏。文献［9］总结了美国太平洋地震工程研究中心（PEER）钢筋混凝土框架柱滞回试验数据库中的试验数据，表明在其他参数相同的情况下，随着剪跨比的减小，构件破坏模式由弯曲破坏转变为弯剪破坏，或由弯剪破坏转变为剪切破坏，而且构件的抗剪承载力和变形能力均随着剪跨比的减小而降低。在实际震害中发现的一些由于填充墙布置不合理等因素导致的短柱破坏，正是由于其实际剪跨比受到约束而减小，抗剪承载力和变形能力均降低，从而发生脆性剪切破坏。

2）轴压比的影响

轴压比是影响框架柱延性大小的主要因素之一。在抗弯工作中，如果框架柱轴压比过高，则在水平荷载施加前，框架柱已经出现较大的初始压应变，从而降低了截面的塑性转动能力，影响构件延性。我国《建筑抗震设计规范》（GB 50011—2010）对框架柱的轴压比限值基本以截面处于大小偏压界限作为控制标准，通过限定轴压比的大小，使框架柱发生延性较好的大偏压破坏模式[18]。在抗剪工作中，轴力作用可以在一定程度上增强混凝土的抗剪承载力。张先进等[19]的试验研究表明，轴压比小于0.5时，随着轴压比的增大，构件截面抗剪强度也增大；但轴压比大于0.5时，随着轴压比的增大，构件截面抗剪强度降低。在破坏模式方面，文献［9］总结了美国太平洋地震工程研究中心钢筋混凝土框架柱滞回试验数据库中的试验数据，表明在剪跨比较大时，随着轴压比的增大，构件破坏模式由弯曲破坏转变为弯剪破坏；在剪跨比较小时，随着轴压比的增大，构件破坏模式由弯剪破坏转变为剪切破坏；而且在轴压比小于0.5时，随着轴压比的增大，构件抗剪承载力增大，但是变形能力下降；尤其在大轴压比、小剪跨比的情况下，易出现突然的脆性破坏。

2.3.3 填充墙与框架结构协同作用

在以往的抗震设计中，往往忽视了作为非结构构件的填充墙对结构受力状况的影响，仅将其自重以恒载的形式施加到计算模型上，并在计算水平地震作用时，考虑其对结构自振周期的折减；不定量细致考虑填充墙布置不利时，填充墙对主体结构受力的影响。近年来发生的破坏性地震中，出现了大量由于填充墙布置不合理导致的短柱效应、扭转破坏、薄弱层破坏等关联失效模式。

理论上，填充墙对框架主体结构存在有利和不利两方面的影响。其中，有利影响主要有以下几点：①在地震作用初期，填充墙刚度较大，按照刚度比例分配原则，填充墙承担大部分水平地震剪力作用，从而保护了框架主体；②填充墙较大的抗侧刚度限制了结构的层间侧移；③填充墙的开裂、错动等破坏可以耗散地震能量。

大量震害调查结果显示，填充墙对框架主体受力也可能造成很大的不利影响[7]：①填充墙的不合理布置可能导致结构平面内或竖向刚度不均匀，从而导致扭转破坏或加剧薄弱层破坏；②门、窗、洞口等的设置，可能降低某些框架柱的实际剪跨比，易形成短柱剪切脆性破坏；③在我国常见施工做法中，常在填充墙顶部、梁下150～200mm处采用砌块斜砌实现柔性连接以避免地震作用下梁变形导致的墙体开裂，但在实际地震作用下，由于填充墙顶部采用此种做法，刚度在这一高度突降，易发生破坏，框架柱端出现变形空间，相当于形成了一个小小的短柱，加剧了框架柱端的破坏。

文献［7］将地震作用下填充墙与框架主体的协同工作过程划分为4个阶段：

（1）弹性工作阶段。填充墙与主体梁、柱均处于弹性阶段，仅在填充墙与梁、柱交接处可能出现细微裂缝。

（2）刚度退化阶段。填充墙在对角处开裂，墙面裂缝未贯通。填充墙仍作为承担地震剪力的主体，框架梁、柱仍处于弹性阶段。

（3）刚度速降阶段。填充墙出现贯通裂缝，框架梁、柱出现裂缝。填充墙刚度出现显著下降，主体框架逐渐成为抗侧力主体。在该阶段中，如果填充墙布置不合理，易对框架主体结构造成不利影响。

（4）刚度缓降阶段。填充墙严重开裂，角部压碎。框架梁、柱出现严重塑性铰，整体结构严重破坏。在该阶段中，如果填充墙布置不合理，可能出现对框架主体结构的严重不利影响，甚至加速整体结构的倒塌。

2.4　本 章 小 结

本章总结了钢筋混凝土框架结构“强梁弱柱”破坏、填充墙引起的短柱破坏、节点区破坏等局部破坏模式，并简单分析了其产生原因。总结了钢筋混凝土框架结构的整体损伤机制和造成这种损伤机制的力学机理。总结分析了框架柱的破坏模式、产生原因以及填充墙与主体框架的协同工作过程。对漩口中学教学楼 A 和北川盐务局宿舍楼的震害特点进行了详细描述，初步判断了漩口中学教学楼 A 的倒塌原因和北川盐务局宿舍楼未倒塌的原因。在接下来的章节中，将分别以这两个原型结构进行地震模拟振动台试验，一方面研究考虑填充墙影响的钢筋混凝土框架结构倒塌机理，另一方面研究增设翼墙抗震措施的抗震性能特点和加固效果。

本章参考文献

[1]　王亚勇，王言诃．汶川大地震建筑震害启示[J]．建筑结构，2008，38(7)：1-6.

[2]　王亚勇．汶川地震建筑震害启示——抗震概念设计[J]．建筑结构学报，2008，29(4)：20-25.

[3]　徐有邻．汶川地震震害调查及初步分析提纲[C]//崔京浩．第 17 届全国结构工程学术会议论文集．北京：《工程力学》杂志社，2008：164-175.

[4]　叶列平，曲哲，马千里，等．从汶川地震框架结构震害谈“强柱弱梁”屈服机制的实现[J]．建筑结构，2008，38(11)：52-59+67.

[5]　翟长海，谢礼立．钢筋混凝土框架结构超强研究[J]．建筑结构学报，2007，28(1)：101-106.

[6]　单慧敏，戴君武，王艳茹．现浇楼板对钢筋混凝土框架结构破坏模式影响浅析[J]．土木工程学报，2010(S1)：169-172.

[7]　黄思凝．外廊式 RC 框架地震破坏及倒塌机理研究[D]．哈尔滨：中国地震局工程力学研究所，2012.

[8] 许卫晓，孙景江，杜轲，等. 阶梯墙框架结构体系的抗震性能分析[J]. 工程力学，2015，32(2)：139-146.

[9] 马颖. 钢筋混凝土柱地震破坏方式及性能研究[D]. 大连：大连理工大学，2012.

[10] PARK R. Capacity design of ductile RC building structures for earthquake resistance[J]. ACI Structural Engineering，1992，70(16)：279-289.

[11] WATSON S，ZAHN F，PARK R. Confining reinforcement for concrete columns[J]. Journal of Structural Engineering，ASCE，1994，120(5)：1798-1824.

[12] PRIESTLEY M，PARK R. Strength and ductility of concrete bridge columns under seismic loading[J]. ACI Structural Journal，1987，84(1)：61-76.

[13] ASCHHEIM M，MOEHLE J P. Shear strength and deformability of RC bridge columns subjected to inelastic cyclic displacements[R]. California：Earthquake Engineering Research Center，University of California，1992.

[14] SEZEN H. Shear deformation model for reinforced concrete columns[J]. Structural Engineering and Mechanics，2008，28(1)：39-52.

[15] PRIESTLEY M，RANZO G，BENZONI G，et al. Yield displacement of circular bridge columns[R]. Sacramento，California：Fourth CalTrans Research Workshop，1996.

[16] 王东升，司炳君，孙治国，等. 地震作用下钢筋混凝土桥墩塑性铰区抗剪强度试验[J]. 中国公路学报，2011，24(2)：34-41.

[17] 山田稔，河村广. 钢筋混凝土柱的临界剪跨比[C]//陕西省建筑设计院. 钢筋混凝土框架柱抗震性能的试验研究. 北京：地震出版社，1979.

[18] 张国军，吕西林，刘伯权，等. 钢筋混凝土框架柱在轴压比超限时抗震性能的研究[J]. 土木工程学报，2006，39(3)：47-54.

[19] 张先进，陈家夔. 在高轴压和循环剪力作用下钢筋混凝土框架短柱的抗剪性能[J]. 西南交通大学学报，1989，24(1)：60-67.

第3章
漩口中学教学楼模型振动台试验及倒塌试验研究

3.1 引　　言

汶川地震极震区映秀镇漩口中学建筑群中，框架结构的倒塌比例达到50%，其中两栋教学楼的现场震害反映多层钢筋混凝土框架结构多重典型的抗震不利因素，探究造成其倒塌的设计要素十分必要。根据获取的原型结构设计及施工图纸和对相关设计人员的调研资料，对漩口中学教学楼进行了缩尺模型设计，在填充墙和构造措施方面完全模拟原结构，以细致考察造成该类型结构倒塌的影响因素及决定因素。通过双向输入的地震模拟振动台试验获得结构的宏观破坏模式、加速度反应、应变反应，定量分析其损伤过程、破坏模式和填充墙不合理设置造成的抗震设计不利环节。

框架模型振动台倒塌试验常常受到振动台载重、场地、动力等限制，且制作的缩尺模型强度由于尺寸效应而提高。此外，当较强地震动输入造成模型损坏严重后，再次的地震作用难以向上传递至各层，基底剪力系数降低使得模型损坏不易进一步扩大而造成模型不倒塌。基于上述原因，倒塌试验较难进行，此方面研究较少。与本振动台试验模型对应的原型教学楼在漩口中学共有两栋，均在汶川地震中倒塌。试验模型完全依据原型设计图纸按缩尺比建造，且添加了全部填充墙设置及细部构造，以模拟原型的倒塌过程，探究引发倒塌的关键因素及倒塌模式。本试验采用输入与结构自振频率相同的正弦波的方法，实现共振，使得振动台能量能更好地传递至结构中，克服了以往试验方法受到的限制，最终实现了模型的倒塌，并对倒塌过程进行了刻画总结，分析了造成该类学校建筑常用框架结构倒塌的根本原因。

3.2 模型设计及施工过程

3.2.1 模型配筋及平立面设计

本次试验以汶川地震中倒塌的汶川县映秀镇漩口中学教学楼框架结构为原型，取其中3榀（图2-8中⑭～⑯轴），根据其设计施工图按照长度相似比1:4进行模型设计。受振动台承重及倒塌试验场地所限，将模型设计为3层，选用微粒混凝土和镀锌铁丝制成。填充墙部分选用的砌块由水泥砂浆制成，水泥和砂的质量配比为1∶4，按尺寸为390mm×190mm×190mm的原型砌块采用1∶4缩尺比制成。施工时，按照规程制作了用于材料力学性能试验的几组试块。图3-1～图3-8为模型平面图、各轴立面示意图及梁/柱配筋图。模型配筋按照原型配筋采取等配筋率的相似设计方法[1-2]。

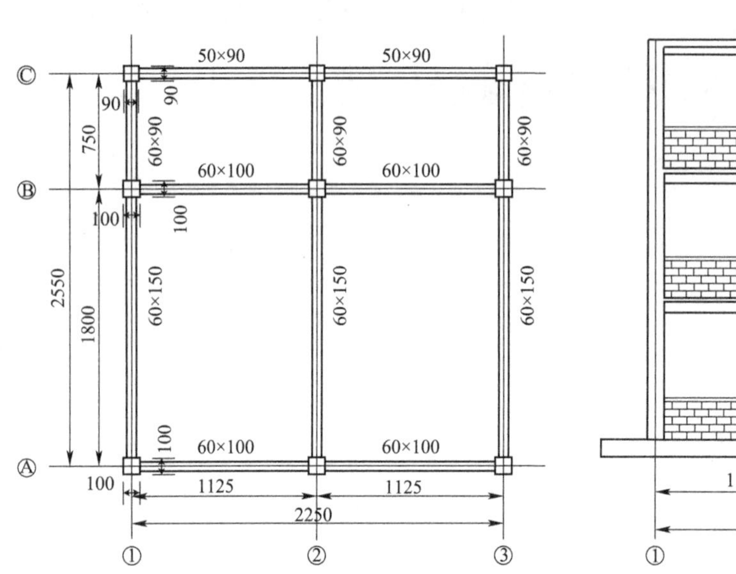

图3-1　模型平面图（尺寸单位：mm）

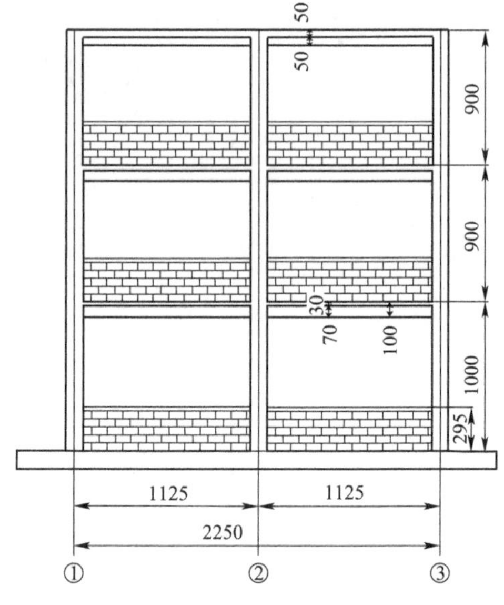

图3-2　模型Ⓐ轴立面图（尺寸单位：mm）

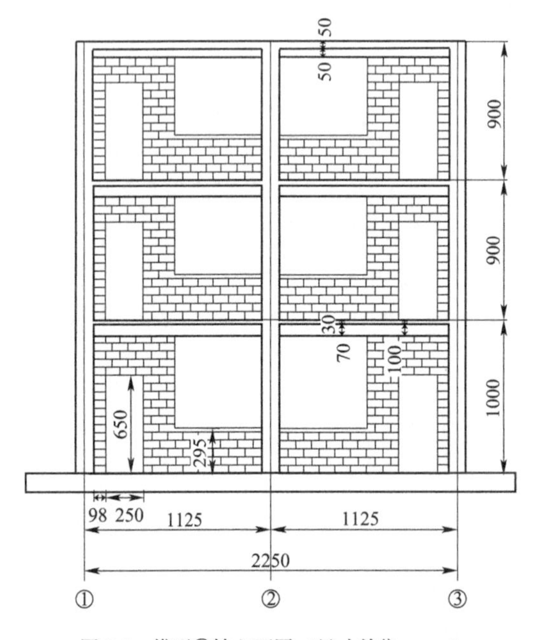

图3-3　模型Ⓑ轴立面图（尺寸单位：mm）

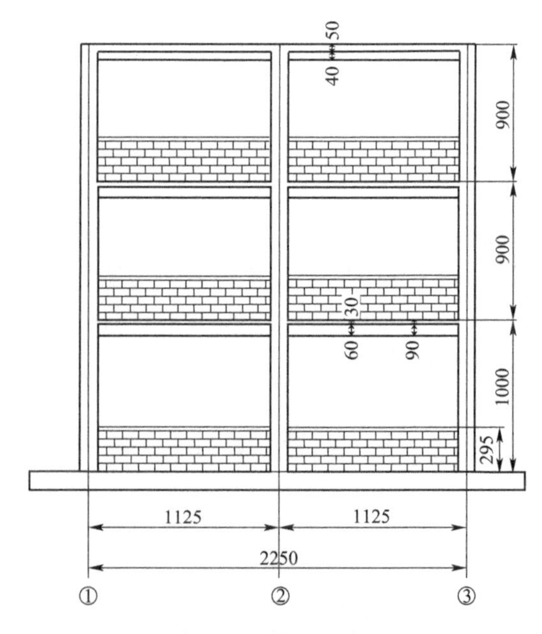

图3-4　模型Ⓒ轴立面图（尺寸单位：mm）

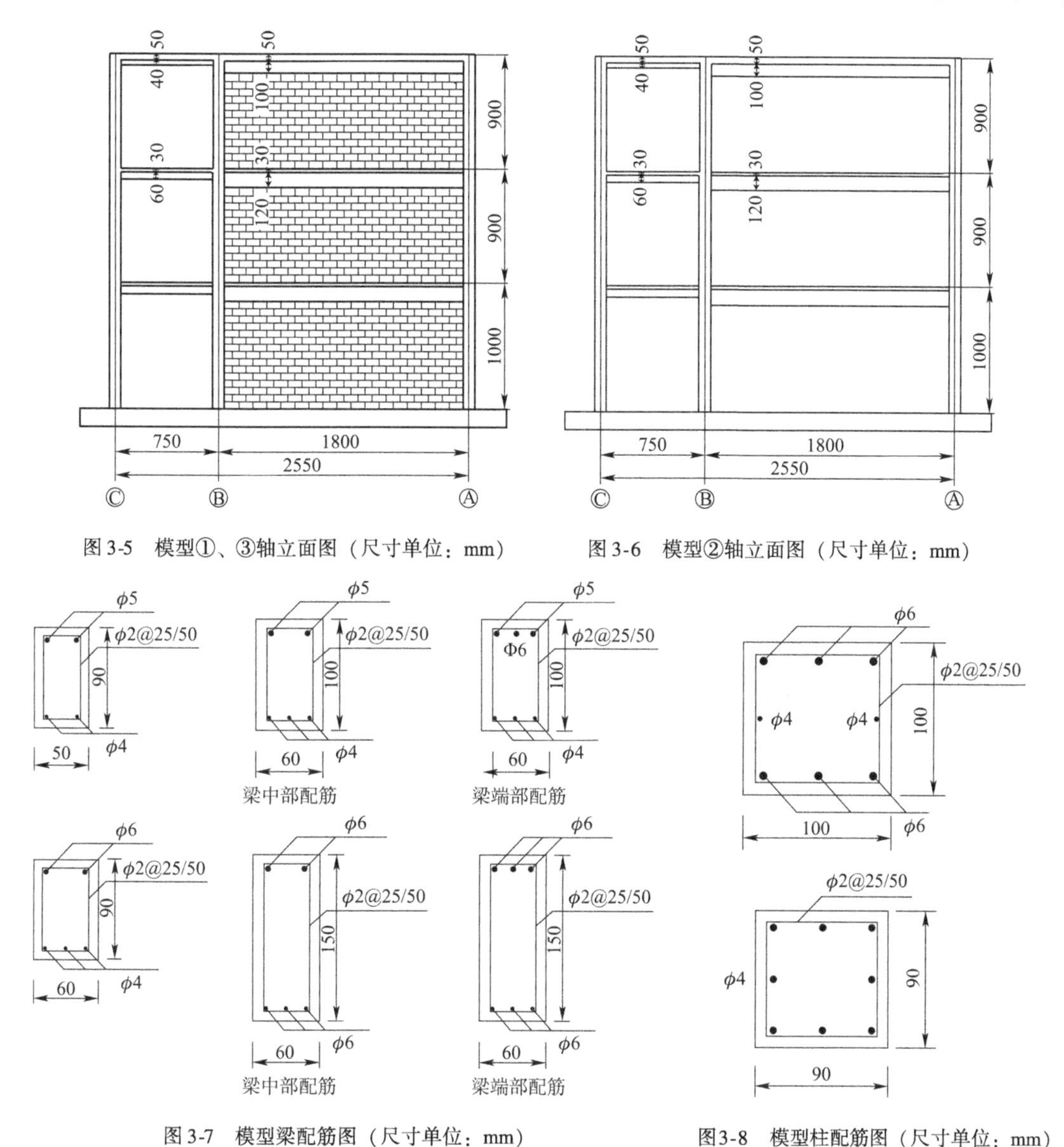

图 3-5　模型①、③轴立面图（尺寸单位：mm）

图 3-6　模型②轴立面图（尺寸单位：mm）

图 3-7　模型梁配筋图（尺寸单位：mm）

图3-8　模型柱配筋图（尺寸单位：mm）

3.2.2　模型构造标准

所取模型为原型教学楼一排教室中的一间（三榀框架）。为模拟纵向低矮填充墙对柱的约束作用，在模型边柱振动台底板空余部位制作了与填充墙相同高度及宽度的钢筋混凝土墙体，墙体配筋为每隔 50mm 设置 ϕ4mm 钢筋 2 根（图 3-9）。所加混凝土矮墙位置见图 3-10。

根据原型结构构造柱设置，在施工时按照相似比设计设置模型横向填充墙（①、③轴）构造柱，同时配横向拉结筋，如图 3-11 所示。构造柱纵筋角部设 4 根 ϕ3. 5mm 钢筋，箍筋直径为 1. 6mm，间隔 50mm，每隔 3 皮砖在水平向设置 2 根拉结筋钢筋，与柱连接处深入柱 50mm，伸入墙内 175mm，构造柱上拉结筋长度为 450mm。填充墙顶部与梁相连处采用实心砖斜砌。在墙体砌成之后浇筑模型填充墙构造柱。构造柱及斜砌见图 3-12。

图 3-9　延伸矮墙及配筋设置

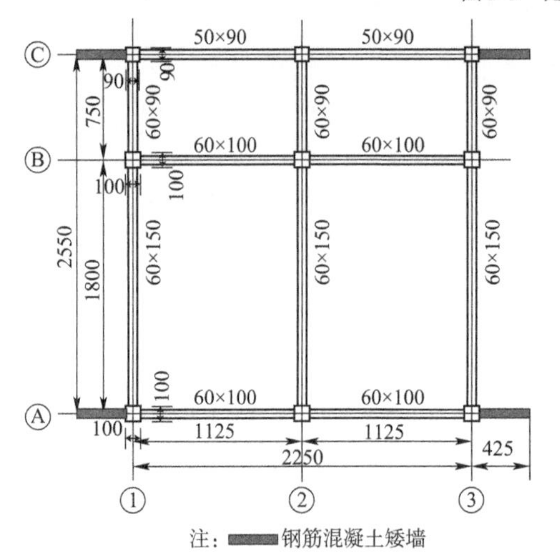

图 3-10　模型钢筋混凝土矮墙平面位置（尺寸单位：mm）

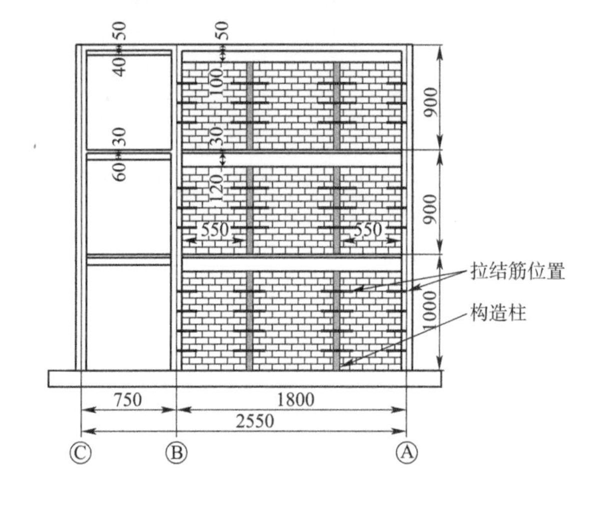

图 3-11　模型构造柱及拉结筋设置（尺寸单位：mm）

原型结构中，纵向填充墙设置有钢筋混凝土压顶（图 3-13），在整栋教学楼各层外廊、教室外侧（对应模型Ⓐ轴）开窗洞部位设置在填充墙顶部。图 3-14 为原型结构压顶横剖面设计简图。模型砌墙后，在相应部位浇筑了相同设计的压顶（图 3-15），截面尺寸为 20mm × 60mm，配筋为纵向 3ϕ2mm 钢筋。压顶对填充墙墙体的作用类似圈梁，使得墙体整体性加强，与两侧柱共同作用，对矮墙的约束作用增强，所以在遭受地震作用时，该部位的填充墙不易破坏，对柱变形的约束作用很强。

图 3-12　模型横墙构造柱及顶部斜砌设置

图 3-13　原型结构纵向填充墙混凝土压顶

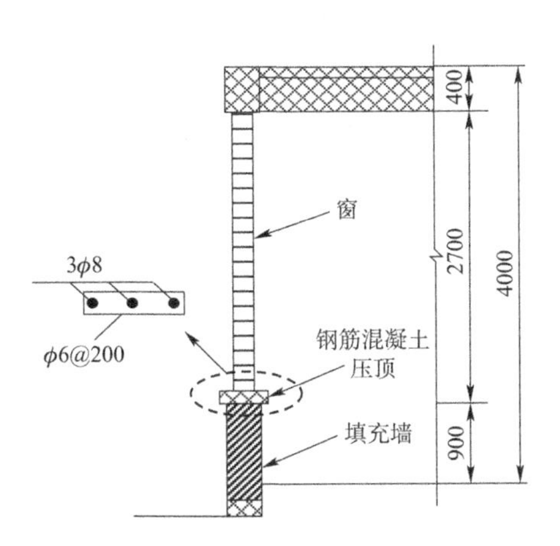

图 3-14　原型结构纵向填充墙混凝土压顶横剖面设计简图

图 3-15　模型纵向填充墙压顶

漩口中学教学楼的梁柱配筋构造及填充墙构造设计参照 03G101-1 图集[3]以及西南 05G701 图集[4]。按照相似比[5]应用到模型为：梁、柱受力钢筋保护层厚度为 8mm；受拉钢筋最小锚固长度为 150mm；箍筋弯钩的弯曲角度为 135°，平直段长为 $5d$（d 为箍筋直径）；柱箍筋最大间距为 150mm，柱根箍筋最大间距为 100mm（原型结构为 200mm/100mm），底层柱加密高度为 325mm，柱顶加密高度为 175mm，其余柱底和柱顶加密高度为 150mm；梁端箍筋最大间距为 50mm（原型结构是 200mm/100mm），加密区长度为 125mm。模型填充墙构造为：墙中设置 2 道构造柱；构造柱截面尺寸为 48mm × 48mm，纵筋为 4ϕ2mm，锚入梁内 125mm，箍筋为 ϕ1.6mm@50mm，上、下端各 150mm 箍筋加密间隔为 25mm；小砌块墙体与框架柱或构造柱拉结，拉结筋为 2ϕ3mm，设置于水平灰缝内，竖向间距为 150mm，伸入墙内 200mm；横墙顶部斜砌采用实心砖逐块敲紧，缝隙填实砂浆。

3.2.3　模型材料性能试验

1）模型混凝土力学性能

模型采用的微粒混凝土由水泥、石子、砂按照 1∶2.5∶3.5 的配合比制成，水灰比为 0.6，水泥强度等级为 42.5MPa，采用的石子粒径如图 3-16 所示。微粒混凝土具有同原型结构采用的混凝土相似的力学性能并且弹性模量较小，容易满足相似关系要求[6]。浇筑模型各层时，预留一组拌制混凝土的立方体试块（150mm × 150mm × 150mm）和棱柱体试块（150mm × 150mm × 300mm），在养护 28d 后进行立方体抗压强度和轴心抗压强度试验（图 3-17）。

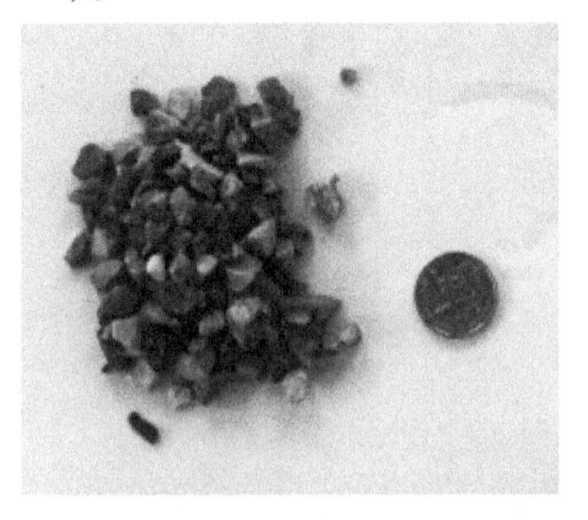

图 3-16　微粒混凝土石块粒径示意

图 3-17　混凝土材料性能试验

采用长春科新 YAW2000 微控电液伺服压力机进行试验，每楼层制备 1 组（3 个）。立方体抗压强度试验的力-时间曲线见图 3-18。进行棱柱体试验时，在试件两侧中心布设应变片，采集应变-时间曲线，根据获得的应力-应变曲线来计算弹性模量（图 3-19）。试验过程（图 3-20）及强度的确定按照标准[7]规定的方法操作。得到的混凝土材料立方体抗压强度、轴心抗压强度和弹性模量见表 3-1。考虑到分析数据及破坏情况集中在第 1 层，取第 1 层弹性模量（1.64×10^4MPa）与原型理论弹性模量进行比较。

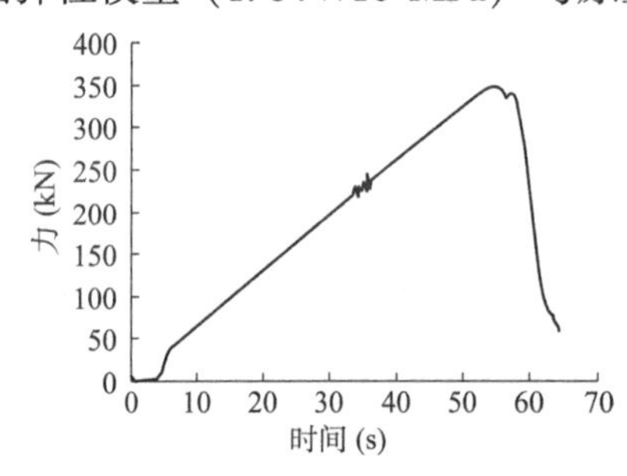

图 3-18　第 1 层立方体试块抗压强度时程

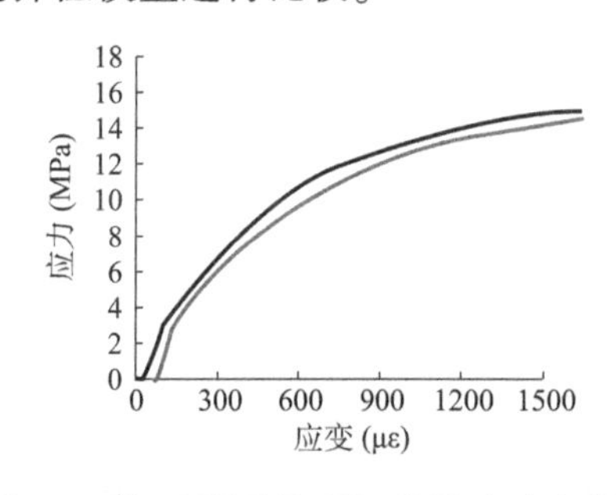

图 3-19　第 1 层棱柱体试块两侧应力-应变曲线

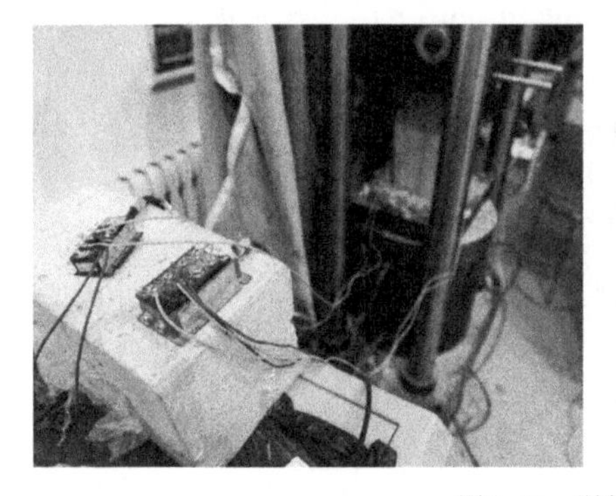

图 3-20　混凝土材料性能试验

模型材料性能试验结果　　表 3-1

楼层	棱柱体试块				立方体试块	
	轴心抗压强度 f_c（MPa）	f_c 均值（MPa）	弹性模量 E_c（MPa）	E_c 均值（MPa）	立方体抗压强度 f_{cu}（MPa）	f_{cu} 均值（MPa）
1	15.45	14.68	1.78×10^4	1.64×10^4	15.20	14.93
	14.87		1.52×10^4		15.42	
	13.72		1.62×10^4		14.17	
2	16.04	17.08	1.50×10^4	1.58×10^4	20.17	21.56
	13.75		1.70×10^4		22.08	
	17.60		1.55×10^4		22.44	
3	15.34	18.20	2.10×10^4	2.02×10^4	20.43	19.69
	20.76		2.10×10^4		19.45	
	18.52		1.86×10^4		19.19	

2）模型钢筋力学性能

模型梁柱钢筋选用直径为 4mm、5mm、6mm 的 Ⅰ 级钢筋（Q235），箍筋为直径 1.6mm 的铁丝。试验采用 MTS Model E45 万能试验机，根据文献［8］进行。图 3-21 为直径 4mm 的钢筋被拉断及断面收缩图。图 3-22 为试验过程的力-位移曲线。得到的钢筋力学性能参数见表 3-2。

图 3-21　Φ4mm 钢筋拉断及断面收缩

拉力 (kN)

横梁位移 (mm)

图 3-22　试验过程的力-位移曲线

钢筋力学性能试验结果　　表 3-2

直径（mm）	屈服强度 f_y（MPa）	f_y 均值（MPa）	抗拉强度 f_{su}（MPa）	f_{su} 均值（MPa）
6	402	407	469	473
	422		494	
	390		452	
	412		478	
5	350	338	422	410
	327		410	
	309		378	
	366		429	

续上表

直径（mm）	屈服强度 f_y（MPa）	f_y 均值（MPa）	抗拉强度 f_{su}（MPa）	f_{su} 均值（MPa）
4	214	221	268	280
	198		260	
	227		299	
	244		291	
1.6	100	110	219	215
	111		212	
	164（N. A.）		282（N. A.）	
	118		214	

3）砌块及砂浆强度

模型填充墙采用空心砌块砌成。砌块尺寸为 98mm × 48mm × 48mm，按照标准砌块 1∶4 缩尺得到。孔洞尺寸为 35mm × 30mm × 48mm。砌块材料为水泥砂浆，水泥和砂质量配合比为 1∶4，填充墙灰缝及横向填充墙构造柱砂浆质量配合比为 1∶3。

按照文献［9-10］，砌筑 1 组砌块抗压强度测试试件（图 3-23）以获得墙体力学性能。试件由 3 皮砌块砌成，中间一皮砌块有竖向灰缝，砌块用同样配合比的砂浆灌实。为测试砂浆强度，制作 1 组（3 块）标准尺寸的立方体砂浆试块。按照文献［9-11］的规定，对砌块、墙体试件和砂浆试件进行了抗压强度试验（图 3-24），获得的试验结果见表 3-3，墙体及砂浆材料的力-时间曲线分别见图 3-25、图 3-26。按照表 3-3 的强度值结果，砌块对应的强度等级为 MU5[12]。

图 3-23　砌块及材料性能试验用试件

图 3-24　墙体及砂浆强度试验

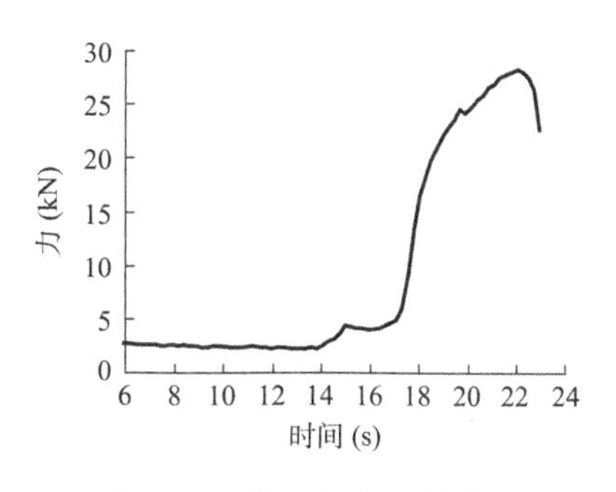

图 3-25　墙体试件力-时间曲线

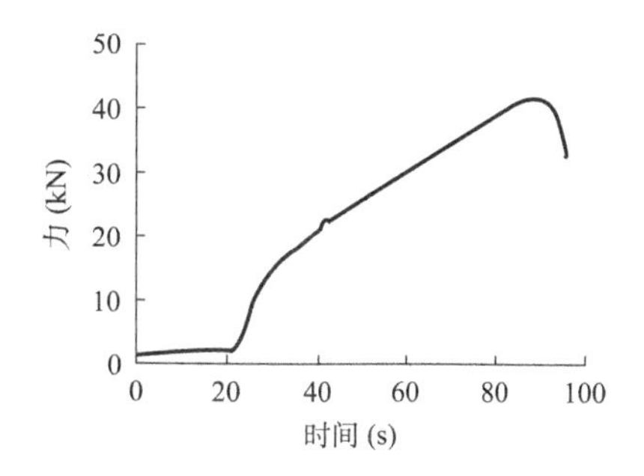

图 3-26　砂浆（1:3）试块力-时间曲线

填充墙材料力学性能试验结果　　表 3-3

试块类型	抗压强度（MPa）	试块类型	抗压强度（MPa）	试块类型	抗压强度（MPa）	试块类型	抗压强度（MPa）
小型空心砌块	5.4	墙体试块	6.8	砂浆（1:3）	8.2	砂浆（1:4）	3.2
	6.3		6.0		8.3		3.1
	7.5		5.5		8.3		3.2
	6.3		5.8		—		—
	4.8		—		—		—
均值（MPa）	6.1	均值（MPa）	6.0	均值（MPa）	8.3	均值（MPa）	3.2

3.2.4　模型施工过程

先进行模型框架部分施工，经过绑钢筋、支模、混凝土浇筑并养护 28d 以上，再砌筑填充墙部分，随后浇筑填充墙构造柱、矮墙混凝土压顶及Ⓐ、Ⓒ轴两侧延伸矮墙。

模型底座尺寸为 3m × 3m，厚 125mm。模型柱纵筋用膨胀螺栓焊接在底座上［图 3-27a)］，柱根箍筋加密及焊接情况见图 3-27b)，节点构造见图 3-27c)。施工过程中，在模型底层钢筋上预先粘贴竖向钢筋应变片，并进行了防水处理，在模板上打孔并预留应变片导线［图 3-27d)］。钢筋绑扎及浇筑过程见图 3-27e) ~h)。模型第 3 层①、③轴横向填充墙根据构造要求设置构造柱，构造柱伸入梁中，与梁共同浇筑并在框架柱及构造柱中设水平拉结筋［图 3-27i)］。模型养护 28d 以上之后拆模［图 3-26j)］，粘贴竖向柱混凝土电阻应变计［图 3-27k)］之后，在第 1、2、3 层楼板上用铁砂及铁块施加人工配重［图 3-27l)］。先粘贴应变片再加配重对应变片施加预应力，可使其在输入较大地震动时不会较早拉坏。先施加配重再砌填充墙，是为了测试加填充墙前、后结构模态，进而分析填充墙对模型的影响。

采用小型空心砌块砌筑填充墙［图 3-28a)］。横向填充墙设置构造柱、水平拉结筋并在顶部与梁相接处采用斜砌［图 3-28b)］。模型纵向Ⓐ、Ⓒ轴根据原型满跨布置矮填充墙［图 3-28c)］，顶部浇筑 20mm 高混凝土压顶［图 3-28d)］。纵向Ⓑ轴设门窗［图 3-28e)］。门上方设置过梁［图 3-28f)］。模型横墙为满砌，在教室两侧布置［图 3-28g)、h)］。全部施工完成后，在其表面粉刷白灰以观察试验中的裂缝。模型整体施工完成后的照片见图 3-29。

a) 纵筋连接膨胀螺栓

b) 柱根箍筋加密及焊接

c) 节点构造

d) 柱筋预留钢筋应变片

e) 底层钢筋绑扎

f) 底层支模板

g) 底层浇筑

h) 第3层浇筑完成

图 3-27

i) 横墙构造柱设置

j) 养护拆模及粘贴电阻应变计

k) 竖向柱混凝土电阻应变计

l) 施加配重

图 3-27　模型框架施工过程

a) 填充墙砌筑材料

b) 横墙施工

c) 纵向满跨度填充矮墙

d) 矮墙设置

图　3-28

e) Ⓑ轴门窗砌筑

f) 门洞上方放置过梁

g) 填充墙构造柱浇筑

h) 填充墙施工完成

图 3-28 模型填充墙砌筑

图 3-29 模型整体施工完成

3.2.5 模型试验相似设计

模型质量包括结构构件与部分非结构构件质量。根据相似比所施加的人工质量用于模拟忽略的活载及非结构构件的质量[13]，补足以上所述及模型缩尺而欠缺的质量。估算本次试验所取原型结构的 3 榀的质量，按照原型结构为 5 层计算。原型结构构件总质量和活载为 m_{p}，非结构构件总质量为 m_{op}，$m_{p+}m_{op}=458\text{t}$，长度相似比为 $l_{r}=0.25$，根据混凝土材料性能试验确定的弹性模量相似比 $E_{r}=0.55$，单个模型质量估算为 $m_{m}=3.66\text{t}$，模型制作所用底板质量 $m_{b}=2.8\text{t}$。

根据振动台试验相似理论[14]，若采用人工质量模型，则所需人工配重的质量 m_a 为：

$$m_a = E_r l_r^2 \left(m_p + m_{op}\right) - m_m = 12\text{t} \tag{3-1}$$

则台面承受质量 M：

$$M = m_m + m_a + m_b = 18.46\text{t} \tag{3-2}$$

大于试验所用振动台所能承受的最大质量（15t）。故本试验采用的是欠人工质量模型，模型总计施加人工质量 9t，第 1、2 层楼板上各均匀分布 1.5t，第 3 层楼板加配重铁 6t。各相关变量的相似关系可根据一致相似率[15]推导得出，见表 3-4。

漩口中学教学楼模型地震模拟振动台试验相似律　　表 3-4

物　理　量	相 似 关 系	模型/原型	备　　注
长度	l_r	0.25	独立量
弹性模量	E_r	0.55	独立量
等效密度	$\bar{\rho} = \dfrac{m_m + m_a + m_{om}}{l_r^3 \left(m_p + m_{op}\right)}$	1.77	受试验条件限制的独立量
应力	E_r	0.55	导出量
时间	$l_r \sqrt{\bar{\rho}_r / E_r}$	0.45	导出量
变位	l_r	0.25	导出量
速度	$\sqrt{E_r / \bar{\rho}_r}$	0.56	导出量
加速度	$E_r / (l_r \bar{\rho}_r)$	1.24	导出量
频率	$\sqrt{E_r / \bar{\rho}_r} / l_r$	2.22	导出量

3.3　振动台试验方案

3.3.1　试验设备性能及传感器设置

试验在防灾科技学院的结构工程试验室进行。采用电液伺服驱动的双向振动台，台面尺寸为 3.0m × 3.0m，最大承载质量为 15t，最大倾覆力矩为 600kN · m，最大位移为 100mm，最大速度幅值为 50cm/s，满负荷时台面水平双向最大加速度为 1.0g，空载时双向最大加速度为 2.5g。

试验中，测量的物理量有加速度、位移及模型不同位置的应变。对模型在不同工况下的模态进行了测试。采用 941b 型加速度传感器、SW-10 型拉线位移计、Kyowa 711B 型动态应变仪、信恒 XH5861 程控动态应变仪、北戴河 BZ2668 型动态应变仪等测试设备。在振动台试验和模态采集中，使用 Spectral Dynamics Siglab20-42 型数据采集仪、信恒 16 通道通用数据采集系统和 32 通道 XHCDSP 数采系统等采集数据。试验采集设备布置见图 3-30，应变采集通道布置见图 3-31，其他传感器安装见图 3-32 ~ 图 3-34。拉线位移计在钢支架上通过 U 形夹固定，另外一头通过拉线及木块固定在模型每层楼板边缘。钢支架底部以木楔楔紧，防止轻微摇摆。

图 3-30　试验采集设备布置

图 3-31　应变采集通道布置

图 3-32　模型底板加速度计安装

图 3-33　顶层楼板加速度计安装

图 3-34　拉线位移计安装

用橡皮泥把加速度计固定在模型底板及各层楼板上。为采集地震动输入时各层的加速度，在第 1 层台面及顶层楼板双向各布置 2 个，在第 1、2 层楼板双向各布置 1 个；为采集各工况输入后的模型模态参数，在第 2 层楼板边缘南北向布置 2 个，在第 3 层楼板中央双向各布置 1 个：以上共计 16 个。在底板及各层楼板沿两个振动方向各设置 1 个拉线位移计，共计 8 个。加速度计及拉线位移计的平面布置图见图 3-35、图 3-36。

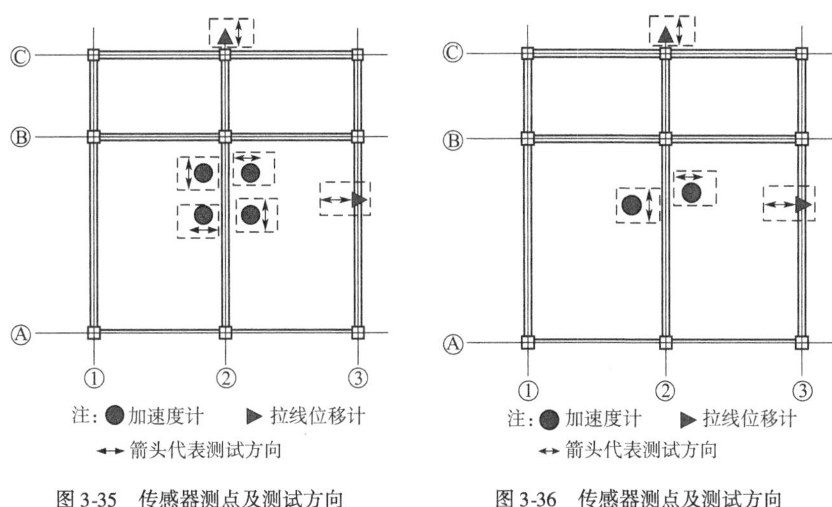

图3-35　传感器测点及测试方向（台面和第3层楼板）

图3-36　传感器测点及测试方向（第1、2层楼板）

3.3.2　振动台试验加载工况

试验选用的双向地震波输入均为汶川地震卧龙波，其有效地震动持时为140s，采样时间间隔为0.005s，东西、南北和垂向的峰值加速度（PGA）分别为957.7gal[①]、652.8gal和948.1gal。试验输入的加速度时程、傅立叶幅值谱及加速度反应谱见图3-37、图3-38。东西向加速度时程的卓越频率在2.5～5.0Hz，南北向加速度时程的卓越频率在2.34～6.0Hz；反应谱东西向及南北向频率峰值分别在2.3Hz和5.95Hz左右。

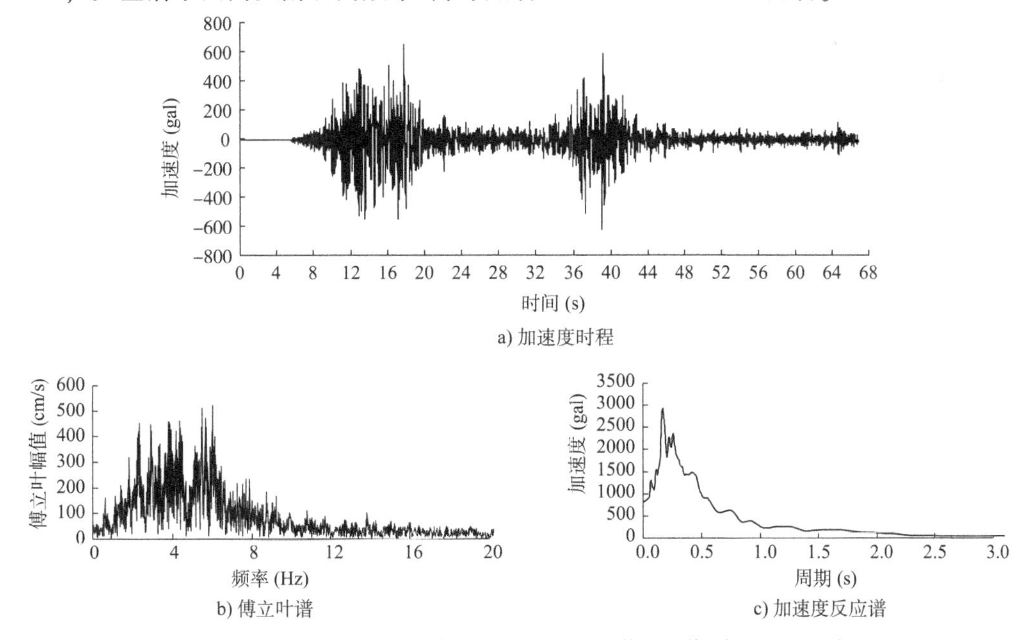

a) 加速度时程

b) 傅立叶谱

c) 加速度反应谱

图3-37　汶川地震卧龙波南北向加速度时程、傅立叶谱及加速度反应谱

① $1\mathrm{gal}=1\mathrm{cm/s^2}$。

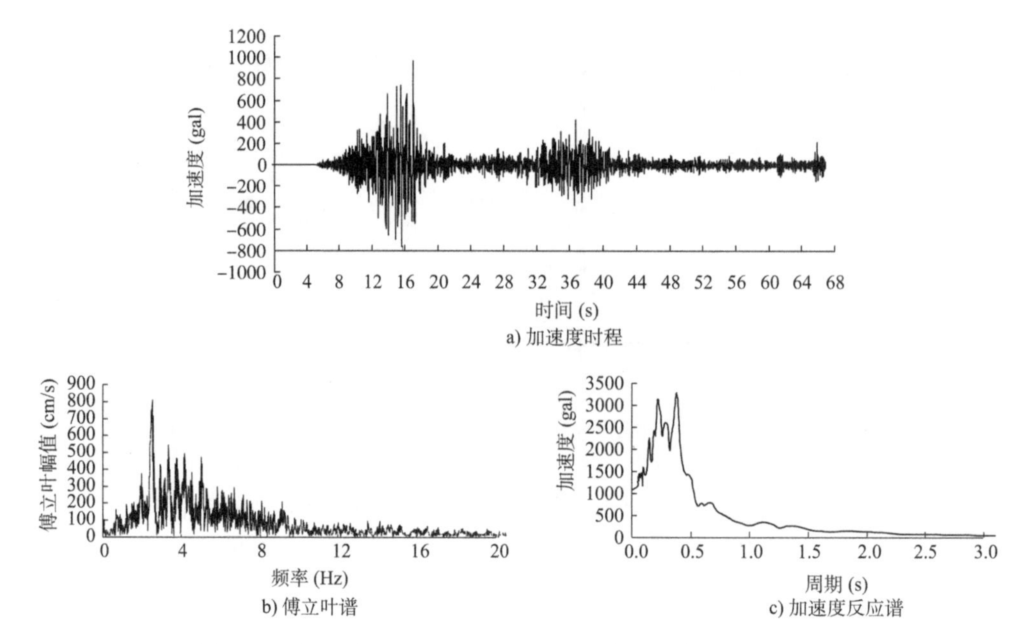

图 3-38　汶川地震卧龙波东西向加速度时程、傅立叶谱及加速度反应谱

试验实际工况由布置在台面的加速度计测量。各输入工况见表 3-5，表中所示数值为台面测量到的加速度峰值的绝对值。T3 ~ T6 工况将两条不同峰值的卧龙地震波前后串联输入。T1 和 T2 设计为弹性阶段，用于测试各传感器及应变通道能否正常工作、获取模型未破坏时的性能数据；之后进入较高地震动强度阶段，考察模型遭遇罕遇地震时的破坏模式及原因。

地震动输入工况（单位：g）　　表 3-5

工　况	加速度峰值		折合原型峰值	
	纵向	横向	纵向	横向
T1	0.08	0.07	0.06	0.06
T2	0.12	0.09	0.10	0.07
T3	0.60；1.33	0.40；1.23	0.48；1.07	0.32；0.99
T4	1.00；1.94	0.80；1.80	0.81；1.56	0.64；1.45
T5	1.00；1.90	0.70；1.85	0.81；1.53	0.56；1.49
T6	0.90；2.00	0.70；1.90	0.72；1.61	0.56；1.53

3.4　试验模型宏观破坏及模态测试结果

3.4.1　试验模型宏观破坏

T1、T2 工况后，模型底层①、③轴横向填充墙顶部斜砌部分角部出现细小斜裂缝［图 3-39a)］，顶部与梁斜砌部分开裂［图 3-39b)］；模型第 1、2 层Ⓐ、Ⓒ轴填充墙角部及与框架柱连接处开裂［图3-39c)］，模型第1、2层Ⓑ轴门、窗角部出现斜裂缝［图3-39d)］。

a) 横向填充墙角部裂缝

b) 横向填充墙顶部斜砌开裂

c) 纵向矮墙角部及边缘裂缝

d) 纵向开门窗填充墙裂缝

图3-39　T1、T2工况后模型宏观破坏

T3工况后，模型第1、2层Ⓐ、Ⓒ轴填充墙出现贯通斜裂缝，与框架柱连接处裂缝变宽［图3-40a)］，第1、2层②轴填充墙门窗连接处及开洞角部裂缝贯通，砌块有小部分掉落［图3-40b)、c)］；第1、2层横向填充墙上端角部开裂扩大，与之连接的两侧框架柱端部出现贯通斜裂缝［图3-40d)、e)、f)］；模型第3层及各框架柱柱根未见破坏。

a) 横向填充墙斜裂缝

b) 第1层②轴填充墙破坏

图　3-40

c) 第2层②轴填充墙破坏

d) 第1层③、Ⓐ轴交汇框架柱裂缝

e) 第 2 层①、Ⓑ轴交汇框架柱裂缝

f) ① 、Ⓐ轴交汇框架柱裂缝

图 3-40 T3 工况后模型宏观破坏

T4、T5 工况后，第 1、2 层①轴及③轴横墙出现贯通竖向裂缝［图 3-41a)］，第 1、2 层Ⓐ、Ⓑ轴边柱上端裂缝进一步发展、加宽并贯通［图 3-41b)］，第 1 层①Ⓐ柱上端的斜裂缝加宽，混凝土表皮轻微剥落，第 1 层③Ⓐ柱上部柱端破坏继续发展为混凝土剥落、压碎且钢筋出露［图 3-41c)］，由试验录像可知，此柱端钢筋出露发生于其相连填充墙出现大的竖向裂缝之前；第 1、2 层门窗处填充墙大部分掉落［图 3-41d)］；Ⓐ轴中柱柱顶及受矮墙约束处出现斜裂缝与交错的剪压裂缝［图 3-41e)］，模型第 3 层及各框架柱柱根未见明显破坏。

T6 工况后，横向填充墙边缘框架柱大部分脱开，少量砌块沿纵向掉落［图 3-42a)］，第 1、2 层纵向矮填充墙整体与柱脱开且大部分出现斜裂缝［图 3-42b)］；第 1、2 层Ⓐ轴两边柱上端钢筋全部出露，出现节点破坏［图 3-42a) ~ d)］，其中第 1 层③Ⓐ柱上端钢筋屈曲［图 3-42a)、b)］，Ⓑ轴边柱上端斜裂缝破坏未见加剧［图 3-42d)］；第 1、2 层Ⓐ、Ⓒ轴柱中部受矮墙约束处及柱上端均出现裂缝［图 3-42b)、e)］，柱根未见破坏，Ⓒ轴柱破坏比Ⓐ轴轻［图3-42f)］，底层②Ⓐ柱中与矮墙交汇高度破坏加剧，出现交叉裂缝和剥落现象［图3-42g)］；底层Ⓑ轴柱根出现细小横向裂缝，其中②Ⓑ柱根较重，出现混凝土压碎［图3-42h)］。

a) 横向填充墙斜裂缝

b) 边柱上端破坏

c) ③Ⓐ柱上部柱端破坏

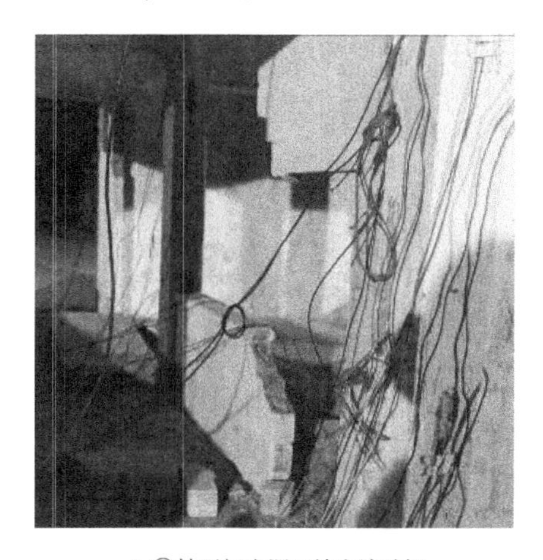

d) Ⓑ轴开门窗洞口填充墙破坏

e) ②、Ⓐ轴交汇框架柱破坏

图3-41　T4、T5工况后模型宏观破坏

a) 横向填充墙破坏　　b) 纵向填充墙及其约束柱破坏

c) 底层①Ⓐ轴交汇框架柱破坏　　d) 底层③Ⓑ柱破坏

e) Ⓒ轴柱整体破坏　　f) 第1层②Ⓒ轴交汇框架柱裂缝

g) ②Ⓐ轴交汇框架柱破坏　　h) ②Ⓑ柱根破坏

图 3-42　T6 工况后模型宏观破坏

总结模型从 T1 至 T6 工况的整个过程，损伤分布很不均匀，严重破坏区域主要集中于底层Ⓐ轴。沿高度出现底层薄弱现象，底层损伤主要在Ⓐ轴累积。第 3 层整体基本未受损伤。第 2 层纵向中轴开门窗填充墙掉落，横向填充墙顶部角部出现开裂，梁柱端部弯矩作用造成横向边柱柱顶出现剪切斜裂缝，裂缝宽度没有进一步开展，未出现结构构件混凝土压碎等严重损伤。底层横、纵填充墙均破坏严重；Ⓐ轴两个角柱柱顶形成塑性铰，混凝土大面积脱落，Ⓐ轴中柱出现弯剪破坏；Ⓑ轴边柱柱顶出现剪切斜裂缝，但未进一步开裂压溃，Ⓑ轴中柱柱底出现横向弯曲裂缝；Ⓒ轴损伤较轻，在柱顶及与矮墙交汇高度出现细小裂缝。

模型横向边榀刚度很大，且横墙上部先与框架梁脱开，进而角部开裂，对框架的分担水平剪力和约束作用大大降低，在柱顶截面处形成变形空间，造成柱顶剪切破坏。因仅一侧设置横墙，出现单向斜裂缝，类似于局部的单侧约束短柱效应。由于框架横向跨度不均，Ⓐ轴静轴压及倾覆力矩引起的动轴压很大，纵向设置低矮填充墙且有混凝土压顶不易破坏，对柱约束力强，增大了柱端弯矩和抗侧刚度，使得Ⓐ轴纵向分担的地震力最大，在双向地震作用均主要集中于Ⓐ轴的情况下，Ⓐ轴角柱进一步严重破坏。Ⓐ轴中柱两端出现弯剪破坏后，由于角柱破坏加重，整体刚度下降，分担地震作用减少，使得中柱损伤未加重。Ⓐ轴角柱柱顶严重破坏是造成模型倒塌的诱发因素。

3.4.2　模态参数测试方法

在输入每个工况后，对模型进行自振频率及阻尼比测试。自振频率测试采用环境激励法（脉动法），模型底座经螺栓固定在振动台台面上，受到台面及环境的微幅激励。每次测试采用固定长度的采样点数重复采集 20 次，在频域通过多次测试取平均值的方法消除噪声干扰。模态测试数据采集使用 Siglab20-42 型采集仪，4 个通道同时输入，使用 941B 型加速度传感器的小速度挡位，4 个加速度传感器布置及通道设置见图 3-43。第 2 层楼板传感器布置在两侧边缘，可同时测试模型的扭转频率。通过频域分析的自功率谱峰值来读取模型自振频率[16]（图 3-44）。

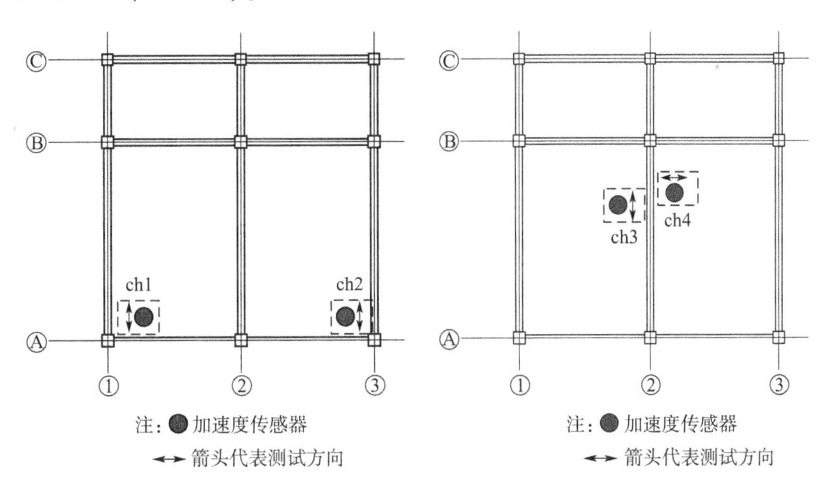

图 3-43　模态测试传感器布置图

使用初位移释放法测试模型的阻尼比，采用相同的测试通道及加速度传感器布置。人工在模型待测试方向的顶层施加一个冲击，顶住模型后突然释放（图 3-45），采用触发后采集方式记录施力的木桩离开后模型自由振动的速度时程曲线（图 3-46），通过自由振动衰减法求得模型的一阶阻尼比[17]。认为模型主要以一阶振型振动，忽略时域中的其他模态耦合造成的误差。

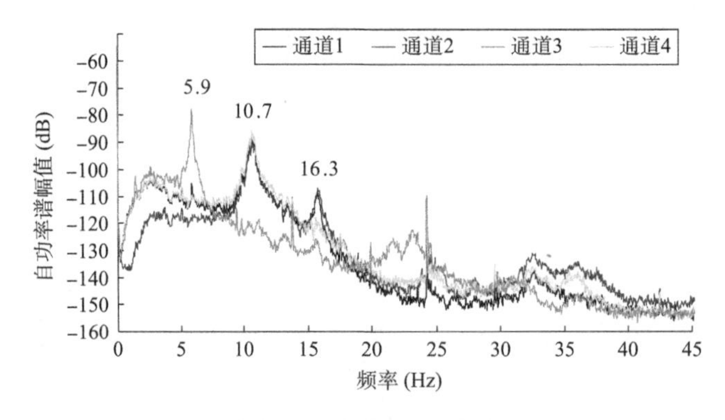

图 3-44　脉动法测得的模型自功率谱（试验前）

图 3-45　模型阻尼比测试触发方法

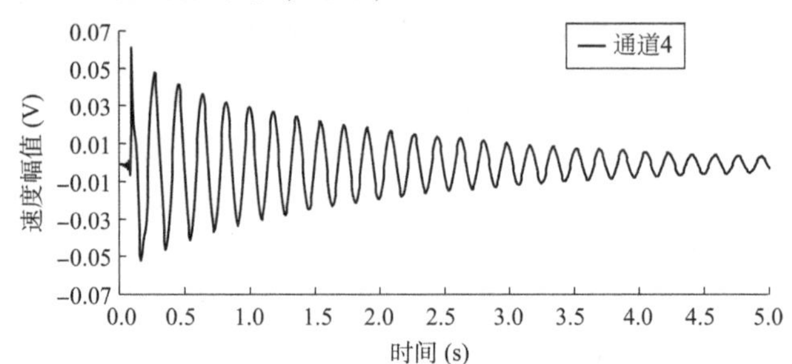

图 3-46　初位移释放法测试模型阻尼比的时域曲线

3.4.3　模态参数测试结果

模型模态测试工况分为 6 种，标记为 R1 ~ R6，依次为：框架养护完毕拆模后（R1）；对纯框架施加配重后（R2）；对加完配重的纯框架砌墙完毕（R3）；振动台试验 T1 工况后（R4）；振动台试验 T2 工况后（R5）；振动台试验 T3 ~ T6 工况后（R6）。在 R1 ~ R6 工况下分别测试模型的横向及纵向自振频率，在模型全部完成后（R3）进行了第一次阻尼比测试，在 T1 和 T2 工况之后（R4）进行了第二次阻尼比测试。模态测试结果见表 3-6。

模型模态测试结果　　表 3-6

工　况	横　向			纵　向			扭转一阶频率（Hz）
	一阶自振频率（Hz）	二阶自振频率（Hz）	一阶阻尼比（%）	一阶自振频率（Hz）	二阶自振频率（Hz）	一阶阻尼比（%）	
R1	9.7	32.3	—	8.4	26.3	—	11.6
R2	4.2	16.3	—	3.5	15.4	—	5.7
R3	10.7	33.0	1.9	5.9	19.9	1.5	16.3
R4	8.6	23.9	2.9	4.2	17.7	2.8	11.6
R5	6.6	16.7	—	3.3	14.3	—	8.5
R6	4.1	—	—	1.3	—	—	—

由模型各个工况的测试结果可知，纯框架增加横、纵向填充墙后（R2→R3），刚度获

得大幅提升，引起自振频率增大，横向基频提高 154.8%，纵向自振频率提高 68.5%，即刚度分别提高 6.5 倍和 2.8 倍。可见设置填充墙可使结构刚度大幅提高，改变结构动力性能，但在遭受地震作用时框架整体也将承受更大的水平地震力。随着模型的初步破坏，阻尼比会有所增大，因为结构整体性受到破坏，振动时材料间的摩擦力增大。T6 工况后结构自振频率降低到原来的 1/3 甚至更低，说明结构损伤严重，横、纵向刚度大大降低。模型横、纵向对称布置的填充墙使得模型不易发生扭转，扭转频率显著升高，模型的扭转频率在各工况均显著高于一阶自振频率及输入地震动的卓越频率范围，说明模型的扭转振动不是主要振动能量来源，对模型破坏影响较小，之后的分析中可忽略扭转振动对模型的影响。

将模型在试验过程中（R3 ~ R4）基频随 PGA 变化情况绘制于图 3-47 中，图中最右侧数据点为输入 4 个大震工况之后的模态测试数据。模型纵、横向基频在输入前两个工况（小震）后迅速降低，在输入 4 个大震工况后降低速度变缓，说明前两个工况使得模型初步破坏，填充墙开裂，刚度降低较大，在随后的工况中，刚度下降变缓。

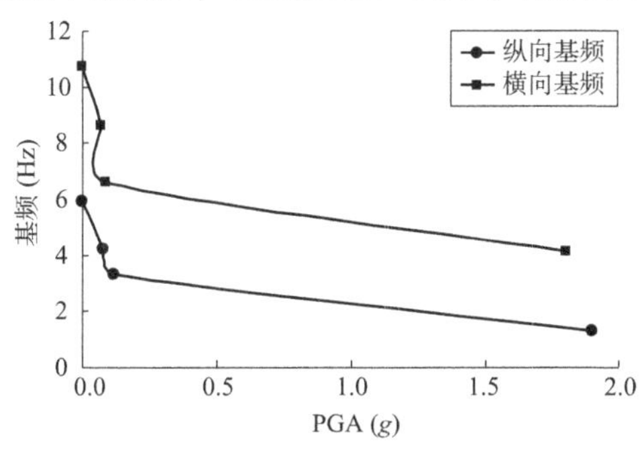

图 3-47　模型基频随输入 PGA 的变化

3.5　模型加速度反应

通过各层布置的加速度传感器（布置方案见图 3-43），测得 T1 ~ T5 工况中各层的加速度反应峰值及所对应的放大倍数，列于表 3-7、表 3-8。T6 工况时，为防止模型倒塌损坏传感器，去除了第 1、2、3 层的传感器。此处不一一列举输入及反应的加速度时程，仅选取工况 T1、T4 的台面输入及各楼层反应的加速度时程曲线、傅立叶幅值谱，展示于图 3-48 ~ 图 3-63。

在地震作用下，由于多层钢筋混凝土框架结构一阶振型占主导地位，导致结构加速度反应放大倍数沿建筑高度方向增大。随着输入地震动 PGA 的增大，模型损伤加重，抗侧刚度下降，加速度反应放大倍数随之降低。在本次试验中，模型横向加速度反应与这一规律吻合。在 T1 ~ T4 工况中，加速度反应放大倍数随层数升高依次增大；T4 工况后，由于底层损伤过于严重，上部两层加速度反应放大倍数小于底层；模型整体的加速度反应放大倍数基本随着输入地震动 PGA 的增大而减小；模型加速度反应的频谱成分主要受地震动卓越频率和模型自振频率两部分的影响。T1、T2 工况下结构各层自振基频占主导，表现出良好的滤波器效应，随着结构出现损伤，反应频谱中地震动卓越成分增加。

漩口中学模型试验加速度反应峰值及放大倍数(横向) 表3-7

工况	加速度反应峰值(g)				放大倍数			傅立叶幅值谱卓越频率(Hz)	
	台面	第1层	第2层	第3层	第1层	第2层	第3层	台面	第1~3层
T1	0.07	0.11	0.17	0.22	1.56	2.44	3.11	8.00	6.30;8.00
T2	0.09	0.10	0.17	0.26	1.14	1.86	2.86	8.00	5.10;8.00
T3	0.40;1.23	0.56;1.10	0.75;1.29	0.83;1.40	1.40;0.89	1.88;1.05	2.10;1.14	3.97	2.40;3.97
T4	0.80;1.80	0.65;1.37	0.68;0.97	0.79;1.04	0.81;0.76	0.85;0.54	0.99;0.58	3.97	1.49;3.97
T5	0.70;1.85	0.84;1.45	0.58;1.02	0.50;0.82	1.20;0.78	0.83;0.55	0.71;0.44	3.97	1.02;3.97

漩口中学模型试验加速度反应峰值及放大倍数(纵向) 表3-8

工况	加速度反应峰值(g)				放大倍数			傅立叶幅值谱卓越频率(Hz)	
	台面	第1层	第2层	第3层	第1层	第2层	第3层	台面	第1~3层
T1	0.08	0.07	0.06	0.09	0.88	0.75	1.13	5.30	2.80;5.30;13.30
T2	0.12	0.08	0.08	0.11	0.67	0.67	0.92	5.30	2.68;5.30;12.76
T3	0.60;1.33	0.32;0.91	0.40;0.81	0.52;0.78	0.53;0.68	0.67;0.61	0.87;0.59	5.30	1.22;5.30
T4	1.00;1.94	0.74;1.62	0.40;1.00	0.49;0.86	0.74;0.84	0.40;0.52	0.49;0.94	5.30	0.78;5.30
T5	1.00;1.90	0.84;1.29	0.30;0.85	0.37;0.75	0.84;0.68	0.30;0.45	0.37;0.39	5.30	0.70;5.30

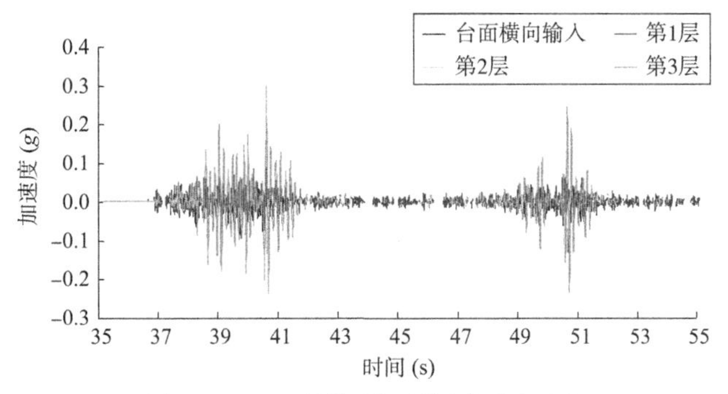

图 3-48　T1 工况模型各层横向加速度反应

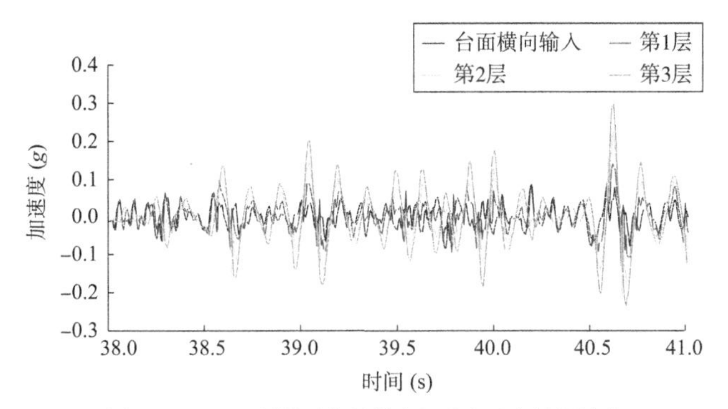

图 3-49　T1 工况模型各层横向加速度反应局部放大

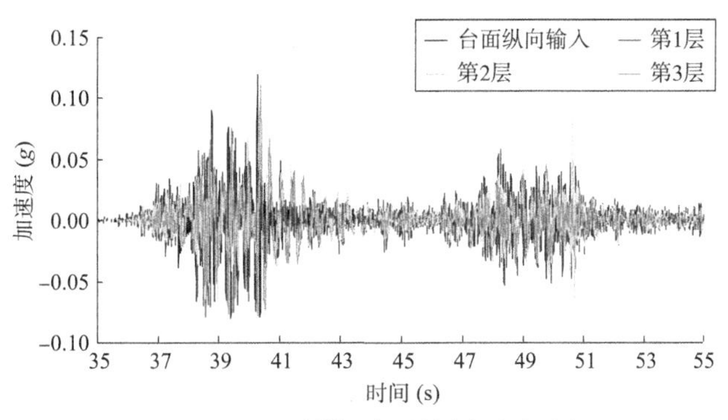

图 3-50　T1 工况模型各层纵向加速度反应

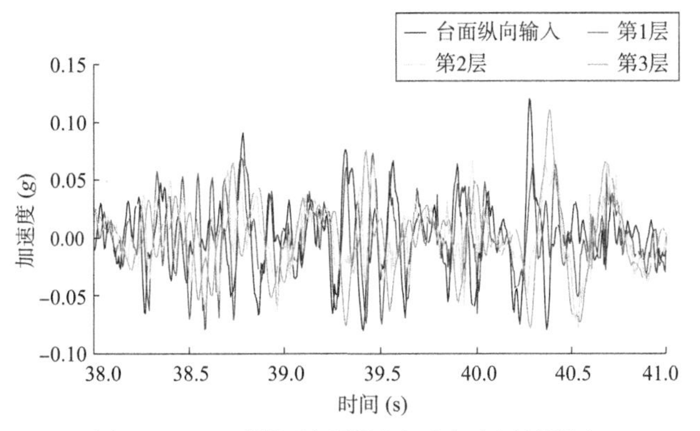

图 3-51　T1 工况模型各层纵向加速度反应局部放大

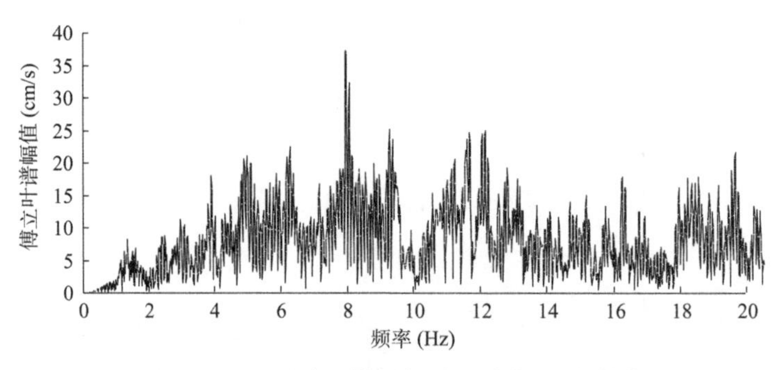

图 3-52　T1 工况台面横向输入加速度傅立叶幅值谱

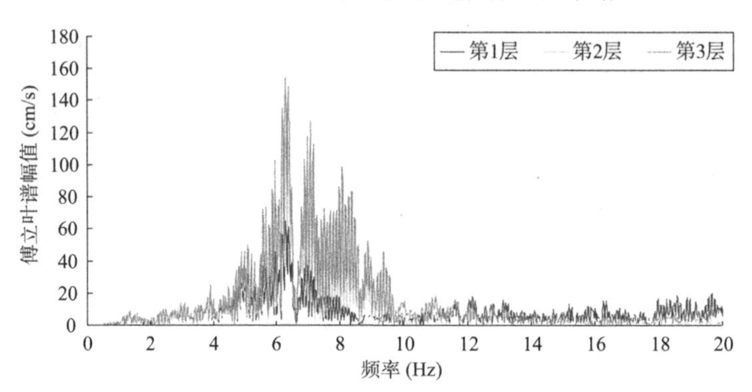

图 3-53　T1 工况模型各层横向加速度反应傅立叶幅值谱

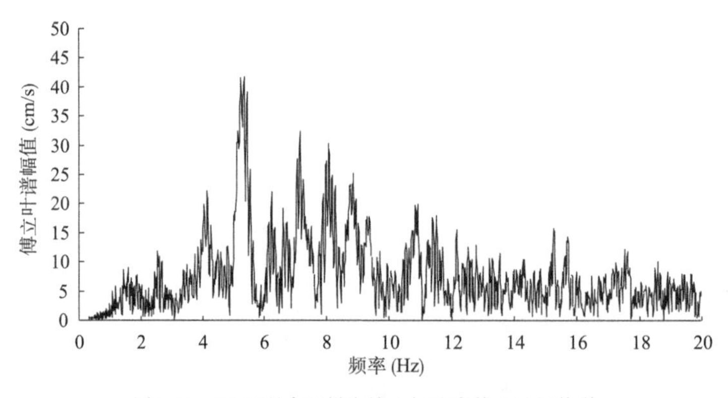

图 3-54　T1 工况台面纵向输入加速度傅立叶幅值谱

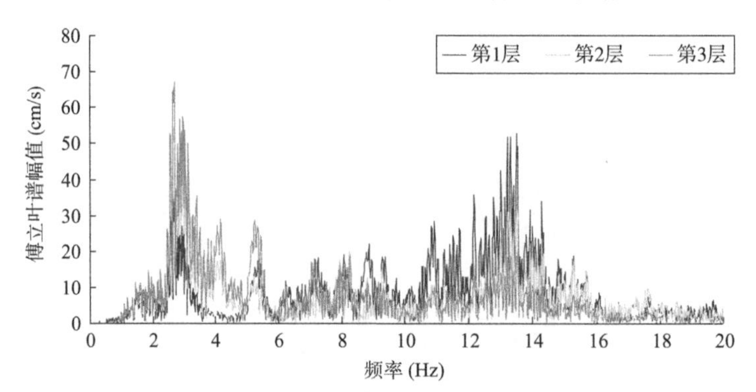

图 3-55　T1 工况模型各层纵向加速度反应傅立叶幅值谱

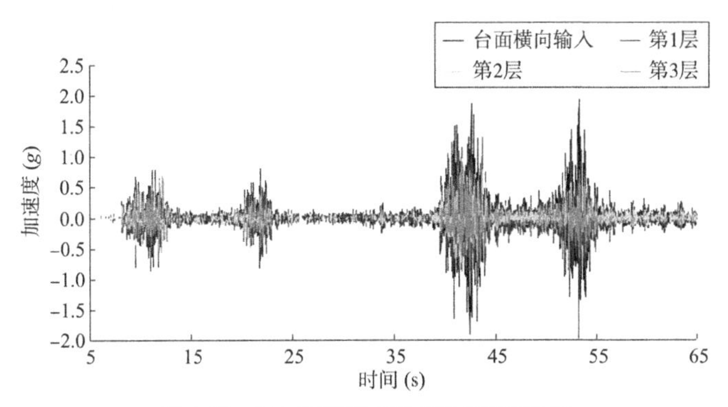

图 3-56　T4 工况模型各层横向加速度反应

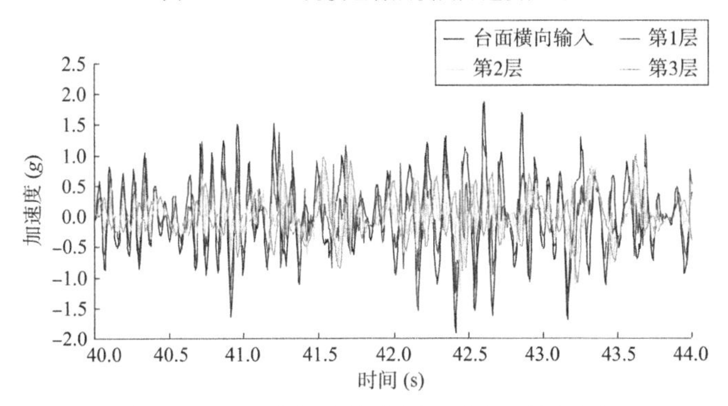

图 3-57　T4 工况模型各层横向加速度反应局部放大

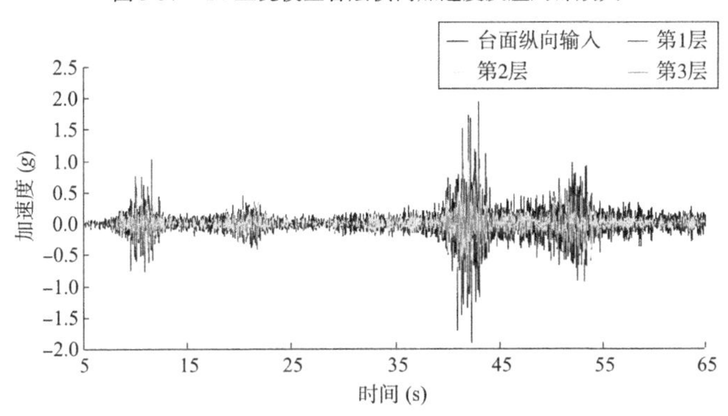

图 3-58　T4 工况模型各层纵向加速度反应

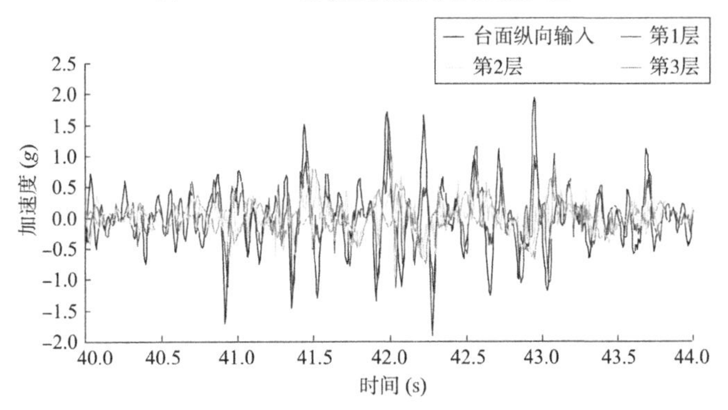

图 3-59　T4 工况模型各层纵向加速度反应局部放大

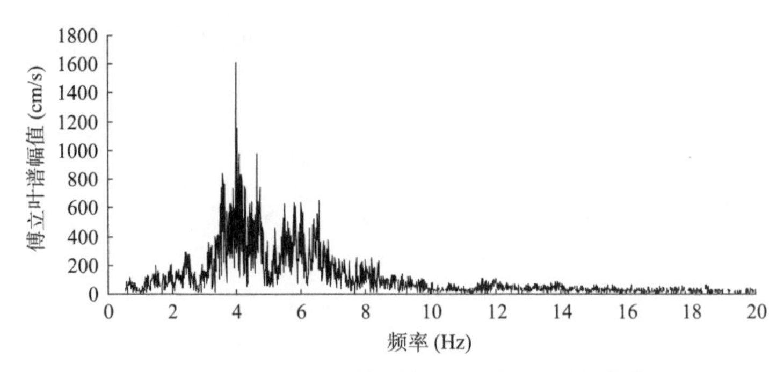

图 3-60　T4 工况台面横向输入加速度傅立叶幅值谱

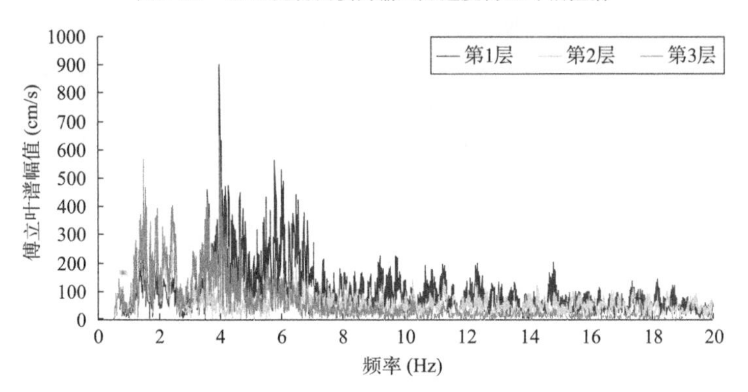

图 3-61　T4 工况模型各层横向加速度反应傅立叶幅值谱

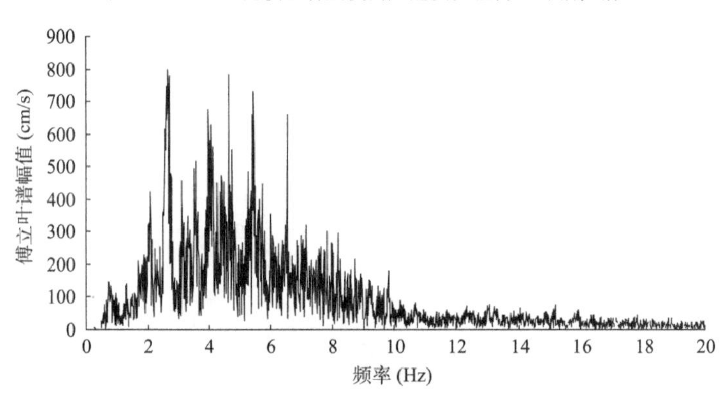

图 3-62　T4 工况台面纵向输入加速度傅立叶幅值谱

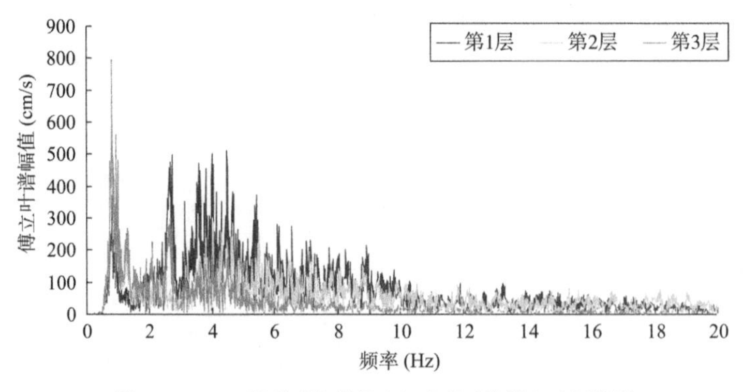

图 3-63　T4 工况模型各层纵向加速度反应傅立叶幅值谱

在纵向，T1、T2工况中，模型基本处于弹性状态，尚未出现严重损伤，而加速度反应放大倍数却小于1。从模型加速度反应的频谱上发现一个较为特殊的情况：在T1、T2工况中，模型反应能量在13Hz附近处集中（图3-55），而在T3工况后，这一卓越频率消失（图3-63）。图3-55中，在3Hz处，模型加速度反应放大倍数随层数升高依次加大，符合多层钢筋混凝土框架结构加速度反应的一般规律；而在13Hz附近处，模型加速度反应放大倍数随层数升高依次减小，从而导致模型整体加速度未有明显放大作用。对比模型宏观反应特征，初步推断这是由于模型纵向低矮填充墙的存在导致的。在T1、T2工况中，模型变形较小，纵向框架柱存在未受低矮填充墙约束和受到低矮填充墙约束两种变形模式；而在T3工况后，由于模型变形显著增大，受到低矮填充墙约束的短柱变形模式占据了主导地位，从而导致了13Hz附近的这一卓越频率在T1、T2工况中出现，在T3工况后消失。

3.6　应变反应分析

3.6.1　应变片布置方案

试验模型设置了3类电阻应变计，用于测试模型各处的应变情况，以罗马数字区分。第Ⅰ类为钢筋应变片，于浇筑前粘贴在纵筋上，预埋在柱中。该类应变片共设置了18个，分布于模型的①轴线Ⓐ、Ⓑ、Ⓒ柱，每柱上、中、下相对两面各粘贴1片，粘贴面平行于模型纵向，测量横向振动造成的应变。Ⅰ类应变片测点布置及编号见图3-64。

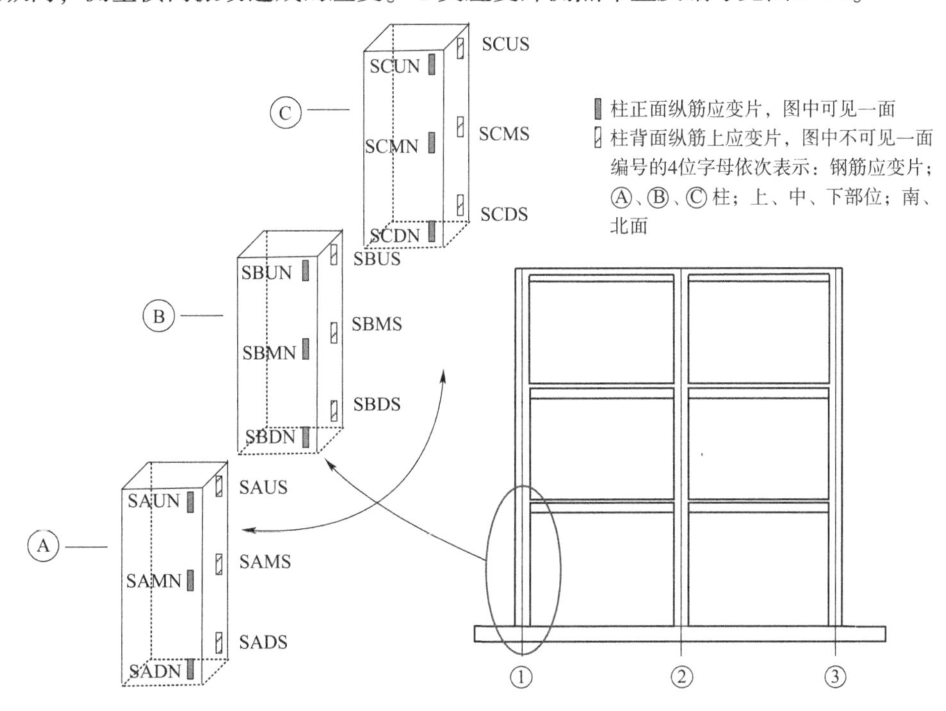

图3-64　Ⅰ类应变片测点布置及编号

第Ⅱ类应变片在混凝土上竖向粘贴。该类应变片共设置了24个，分布于模型①、②轴线与Ⓐ、Ⓑ轴线交汇的4个柱上，每柱上、中、下相对两面各粘贴1片，粘贴面方向平行于模型横向，测量纵向振动造成的应变。Ⅱ类应变片测点布置及编号见图3-65。

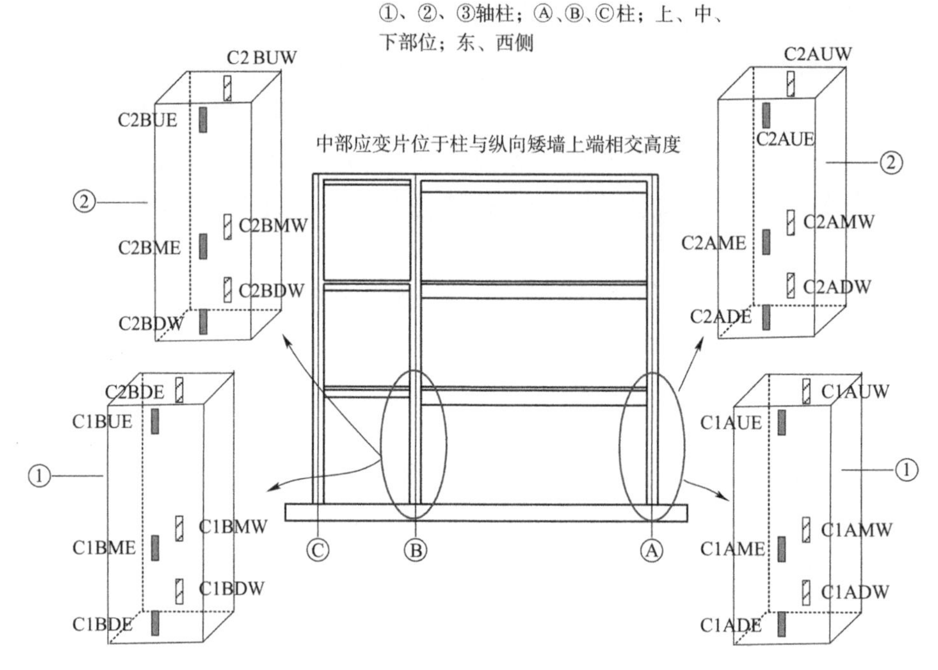

图3-65　Ⅱ类应变片测点布置及编号

第Ⅲ类为与水平方向成45°粘贴的混凝土应变片。该类应变片共设置了9个，分布于模型9根柱中、上部高度处，粘贴面方向平行于模型纵向，测试纵向振动造成的应变。Ⅲ类应变片测点布置及编号见图3-66。

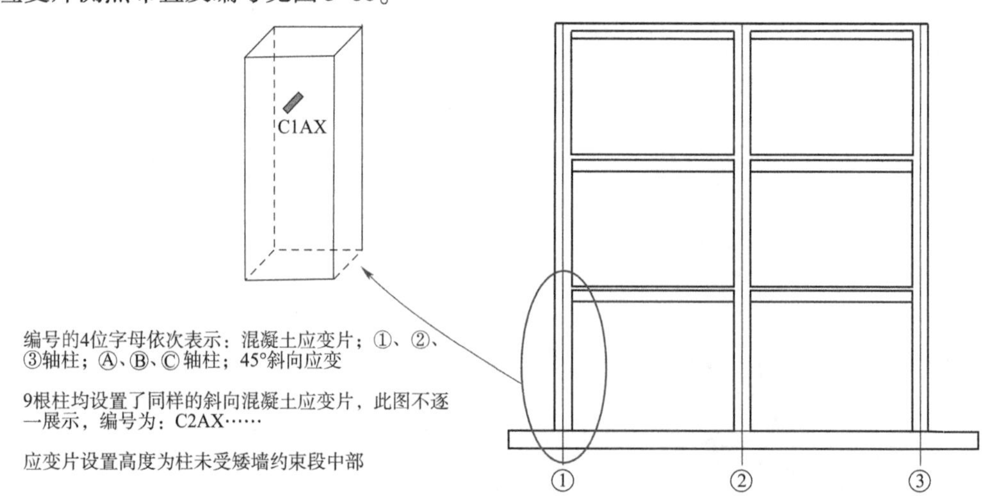

图3-66　Ⅲ类应变片测点布置及编号

3.6.2　应变反应理论分析

振动台试验的动态受力过程中，影响应变结果的因素很多，可从理论上分析其主要影响因素。本试验布置的应变片可测得两类应变：可直接得到的由弯曲作用引起的应变，可间接得到的由水平地震剪力引起的剪切应变。其中的基本理论[18]如下：

对应Ⅰ、Ⅱ类应变片的应力公式见式（3-3）。

$$\sigma = \varepsilon E = \frac{M}{W} + \frac{N}{A} \tag{3-3}$$

式中：σ——某点处竖向应力；

ε——竖向线应变；

E——弹性模量；

W——柱抗弯截面系数，是与截面长、宽有关的常数；

N——轴力；

A——柱截面面积；

M——柱截面高度处所受弯矩，按下式计算：

$$M = Q \times H = \frac{12EI}{h^3} \times \delta \times H \tag{3-4}$$

式中：Q——柱受到的水平地震剪力；

H——应变片截面距反弯点截面距离；

I——截面惯性矩；

h——柱受弯变形高度；

δ——柱端水平位移。

由式（3-3）可知，影响Ⅰ、Ⅱ类应变片测试结果的因素是柱端弯矩 M 和由水平地震作用对结构的倾覆力矩而引起的附加轴力。

在本试验模型中，Ⓐ、Ⓒ轴柱由于受到低矮填充墙约束，柱纵向受弯高度 h 比Ⓑ轴缩短，柱端、柱中、柱底应变片距反弯点距离 H 也发生改变。

Ⅰ类应变片测试的柱在横向的变形高度为全柱高，则Ⓐ、Ⓑ、Ⓒ轴钢筋应变结果主要与倾覆力矩引起的附加轴力、柱端弯矩及柱截面面积相关。

对于Ⅱ类应变片，取纵向相同轴线的一对柱（①轴Ⓐ和Ⓑ或者②轴Ⓐ和Ⓑ）对比，可排除倾覆力矩影响，分析柱有效变形高度对柱应变的影响。例如，Ⓐ轴柱高900mm，矮墙高度为295mm，约为整个柱高的1/3。则Ⓐ、Ⓑ轴柱端应变比见式（3-5），其余位置的应变比以此类推，可见Ⓐ轴由于受到矮墙约束使得柱端及矮墙上端截面处弯矩增大很多。

$$\frac{\varepsilon_{\mathrm{A}}}{\varepsilon_{\mathrm{B}}} = \frac{M_{\mathrm{A}}}{M_{\mathrm{B}}} = \frac{H_{\mathrm{A}}}{H_{\mathrm{B}}} \frac{h_{\mathrm{B}}^3}{h_{\mathrm{A}}^3} = \frac{\frac{1}{3}h}{\frac{1}{2}h} \frac{h^3}{\left(\frac{2}{3}h\right)^3} = \frac{27}{12} \tag{3-5}$$

Ⅲ类应变片测点可间接获得剪切应变大小，是为测量框架各榀（Ⓐ、Ⓑ、Ⓒ轴）变形高度不同造成所受水平剪力大小的差异而设置的。为考察柱平面应力状态进而分析所受剪力，可采用在任意位置贴应变片（3片）的方式获得某点切应变。本试验中，考虑通道限制和布置便利，采取贴1片应变片获取采集点切应变的方案。理论依据来源于平面状态下任意方向的线应变公式：

$$\varepsilon_\alpha = \frac{1}{2}(\varepsilon_x + \varepsilon_y) + \frac{1}{2}(\varepsilon_x - \varepsilon_y)\cos 2\alpha + \frac{1}{2}\gamma_{xy}\sin 2\alpha \tag{3-6}$$

式中：ε_α——平面应力状态下沿直角坐标系的x轴逆时针旋转任意角度α的线应变；

ε_x、ε_y——沿x、y方向的线应变；

γ_{xy}——切应变。

本试验中，Ⅲ类应变片测点柱水平向线应变ε_x基本为0，选择柱受弯矩的反弯点高度截面，使得弯矩引起的线应变ε_y约为0，且在该截面中部与水平成45°处贴应变片，α为45°，则有：

$$\gamma_{xy} = 2\varepsilon_{45^\circ} \tag{3-7}$$

在截面中央处布置的45°应变片中部取一点，其应变约为式（3-7）中ε_{45°的值。而矩形截面受到剪力F_s后，截面上的切应力分布呈抛物线形，截面上最大切应力τ_{max}出现在截面中央处，其数值为：

$$\tau_{max} = \frac{3}{2}\frac{F_s}{A} \tag{3-8}$$

式中：A——横截面面积。

可知所求截面切应力峰值为平均值的1.5倍。所以考虑式（3-7）和式（3-8），可用中央处切应变值来计算整个截面所受到的剪力，即：

$$F_s = \frac{2}{3}\tau_{max}A = \frac{4}{3}\varepsilon_{45^\circ}GA \tag{3-9}$$

式中：G——剪切模量。

振动台试验中，结构模型进入非线性后，式（3-9）不再可用，但考虑到斜向应变片在反弯点处应变数值很小，可代表局部的弹性状态，且非线性情况复杂，此处进行简化分析，可利用设置的Ⅲ类应变片分析水平剪力情况。

因本章振动台试验采用双向地震动输入，在不同应变测点采集的数据之间将产生相位差，即单方向采集的应变峰值不能同时达到。因而，采用的数据分析方法为观察应变反应时程的包络，取一段时间内相邻几个峰值点的均值作为该点应变值的代表值。以下应变数据均采用该处理方式。

试验共输入了6个工况。在T1工况后排查应变片连接情况，调整仪器连接，更换不正常应变片等，因此取后5个工况的应变结果进行分析。

试验模型施加配重后的静轴压比见表3-9、表3-10。试验中，T1、T2工况之后台面输入的加速度峰值均超过1.0g，按照台面南北向输入加速度为1.0g，实测T3工况第2条输入大震时的加速度反应放大倍数，计算南北向往复水平地震力所引起的倾覆力矩造成的附加轴力，得到模型动静轴压比总和，见表3-11、表3-12，其中负值代表轴向受到的拉力。

模型①或③轴底层柱的轴力及静轴压比　　表 3-9

柱　编　号	轴力（kN）	轴　压　比
Ⓐ轴柱	10.84	0.15
Ⓑ轴柱	15.30	0.21
Ⓒ轴柱	4.46	0.08

模型②轴底层柱的轴力及静轴压比　　表 3-10

柱　编　号	轴力（kN）	轴　压　比
Ⓐ轴柱	23.40	0.30
Ⓑ轴柱	30.47	0.42
Ⓒ轴柱	8.97	0.15

模型①或③轴底层柱的总轴力及总轴压比（按照 1.0g 加速度）　　表 3-11

柱　编　号	水平地震力向Ⓐ轴侧			水平地震力向Ⓒ轴侧		
	附加轴力（kN）	总轴力（kN）	总轴压比	附加轴力（kN）	总轴力（kN）	总轴压比
Ⓐ轴柱	58.0	68.8	0.95	-58.0	-47.2	-0.65
Ⓑ轴柱	-17.9	-2.6	-0.04	17.9	33.2	0.46
Ⓒ轴柱	-40.1	-35.6	-0.64	40.1	44.6	0.80

模型②轴底层柱的总轴力及总轴压比（按照 1.0g 加速度）　　表 3-12

柱　编　号	水平地震力向Ⓐ轴侧			水平地震力向Ⓒ轴侧		
	附加轴力（kN）	总轴力（kN）	总轴压比	附加轴力（kN）	总轴力（kN）	总轴压比
Ⓐ轴柱	58.0	81.4	1.02	-58.0	-34.6	-0.44
Ⓑ轴柱	-17.9	12.6	0.17	17.9	48.4	0.67
Ⓒ轴柱	-40.1	-31.1	-0.52	40.1	49.1	0.82

3.6.3　钢筋应变实测数据分析

由于浇筑时钢筋应变片易受损伤，所以在同侧的纵筋各粘贴 1 个作为备份。T1 工况后，剔除和更换不可用的应变片，在每个柱选取如图 3-64 所示的 6 个测点。得到 T2 ~ T6 工况的应变数据，列于表 3-13。由前述分析可知，设置于①轴线Ⓐ、Ⓑ、Ⓒ轴柱的应变测点数值受到柱端弯矩、倾覆力矩及钢筋截面面积影响。柱端弯矩、倾覆力矩在南北两侧使柱受到的拉压作用不在同相位叠加，加上双向输入引入的相位差，使得获取的应变时程有相位差。选取各工况时程在同一时间段内的 5 个相邻峰值取平均值，作为应变时程的包络代表值，列于表 3-13。其中，T3 ~ T6 工况数据为该工况中输入第一次卧龙地震波（较小一次）时的应变数据及时程。选取 T2、T5 工况应变时程分别列于图 3-67、图 3-68。

各工况 I 类应变片应变数据(单位:με)

表 3-13

应变片位置	T2 工况			T3 工况			T4 工况			T5 工况			T6 工况		
	Ⓐ轴	Ⓑ轴	Ⓒ轴	Ⓐ轴	Ⓑ轴	Ⓒ轴	Ⓐ轴	Ⓑ轴	Ⓒ轴	Ⓐ轴	Ⓑ轴	Ⓒ轴	Ⓐ轴	Ⓑ轴	Ⓒ轴
US	62; -45	69; -39	32; -28	330; -560	332; -100	657; -140	212; -621	289; -155	583; -153	590; -574	416; -214	643; -332	718; -619	429; -435	625; -282
UN	61; -32	58; -24	86; -27	383; -267	372; -135	568 -272	341; -213	210; -132	392; -189	279; -295	256; -210	346; -316	390; -530	500; -128	434; -386
MS	38; -46	45; -49	74; -85	466; -324	1080; -157	1500; -529	534; -173	846; -462	832; -784	435; -176	697; -406	69; -412	382; -370	710; -422	-578; -907
MN	104; -98	45; -52	113; -84	1356; -652	583; -110	1226; -455	1378; -546	360; 312	798; -741	870; -547	422; -356	668; -462	421; -397	579; -544	847; -569
DS	120; -89	94; -99	75; -81	910; -433	898; -356	913; -279	635; -725	488; -516	839; -479	815; -788	472; -290	722; -384	1569; -675	481; -278	610; -309
DN	151; -110	115; -91	N. A.	1096; -573	987; -499	749; -145	972; -708	669; 671	703; -305	1166; -1310	583; -486	784; -332	1305; -918	657; -502	951; -573

注:1. 表中正值表示拉应变,负值表示压应变。

2. 每个工况连续取第一次输入的应变反应时程中相邻 5 个峰值的均值,所选时间段相同。

3. U、M、D 分别表示柱顶、中、底部位置,S、N 分别代表柱南侧(外廊侧)和北侧(教室侧)。

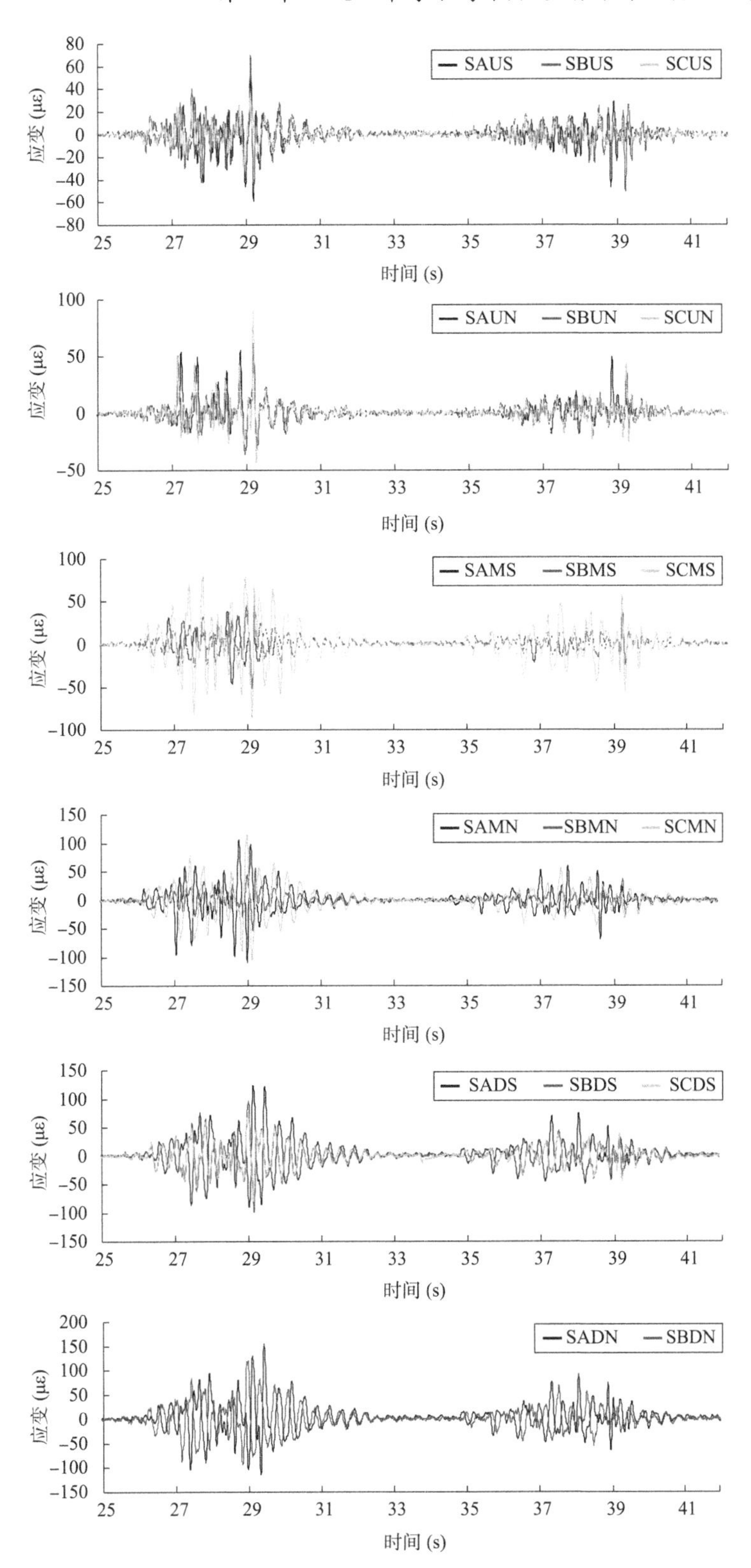

图 3-67　Ⅰ类应变片 T2 工况反应时程（Ⓐ、Ⓑ、Ⓒ轴柱对比）

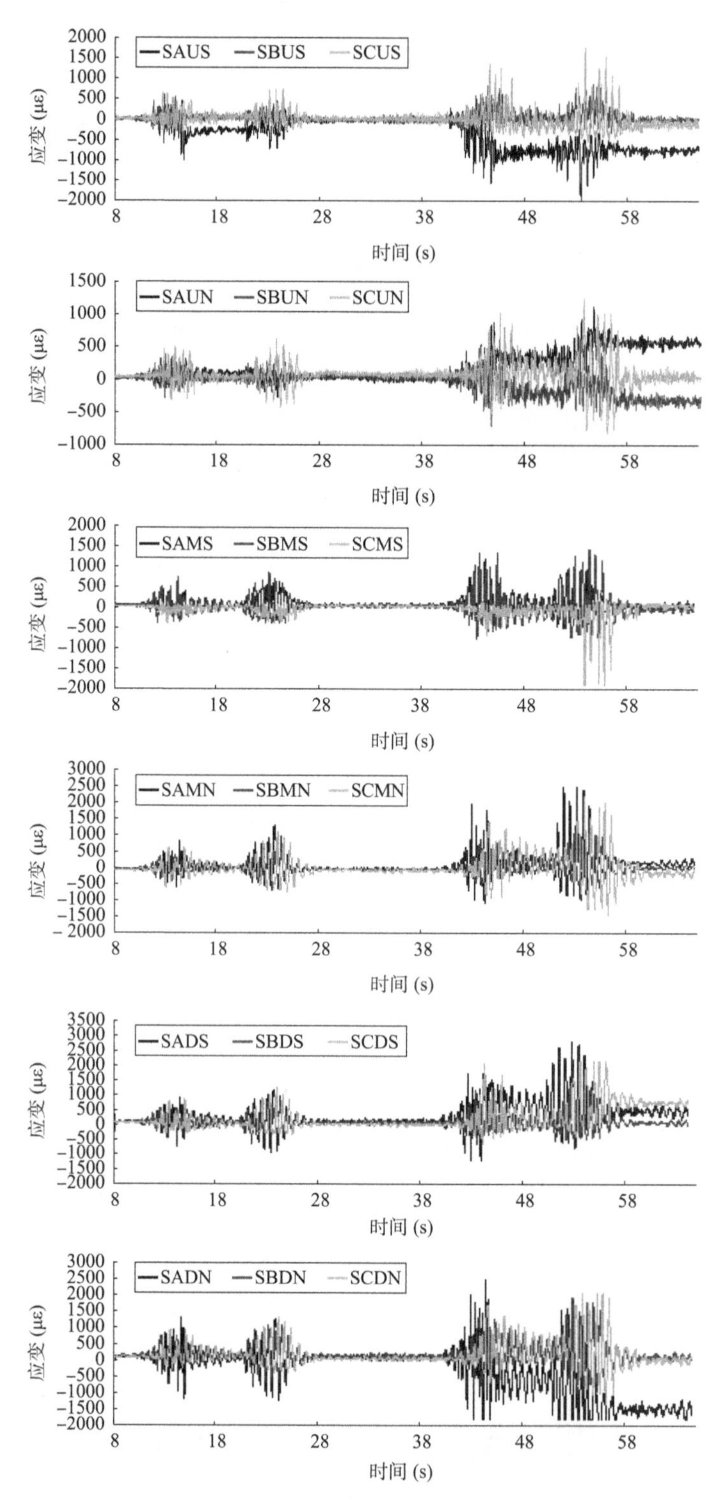

图 3-68　I 类应变片 T5 工况反应时程（Ⓐ、Ⓑ、Ⓒ轴柱对比）

选择①轴线Ⓐ、Ⓑ、Ⓒ柱的各部位钢筋应变测试结果进行对比。影响柱横向弯曲应变的因素有柱端弯矩和倾覆力矩引起的附加轴力。在测试初始，将应变测试系统调零，清除静轴压对应变结果的影响。由表 3-13 中各工况应变数值可总结出如下规律：Ⓑ轴柱钢筋应变总体小于Ⓐ和Ⓒ轴柱，这是由于Ⓑ轴框架位于中间榀，受到的倾覆力矩导致的附加轴力小于Ⓐ和Ⓒ轴框架（具体数值见前文）；各框架柱柱底应变总体上大于柱顶应变，这是由于底层柱底为固定端约束，柱顶约束刚度较小，导致反弯点位于柱上部，使得柱底的柱端弯矩大于柱顶的柱端弯矩；Ⓐ轴柱钢筋应变总体上大于Ⓒ轴柱或者与Ⓒ轴相当，由理论计算可知，Ⓒ轴柱端弯矩引起的应力为Ⓐ轴的 90%（与应变成正比），动轴压（与应变成正比）稍小于Ⓐ轴而柱截面积为Ⓐ轴的 81%（与应变成反比），造成二者横向应变相差不大，但综合考虑静轴压，Ⓒ轴在横向受到的地震作用仍小于Ⓐ轴。综合以上结果，比较模型横向不同柱所受地震力，Ⓐ轴所受轴压及弯矩综合作用最强。

3.6.4　竖向混凝土应变实测数据分析

如图 3-65 所示，在 4 个柱上设置了竖向混凝土应变片，测试教室两侧轴的柱在纵向受往复地震力时的应变情况。在 T1 ~ T6 工况均进行了该项应变测试。在 T1 工况（小震情况）下，重新粘贴不工作的应变片，并对边柱设置用混凝土浇筑的矮墙，期间①Ⓐ柱西侧中部和下部应变片因浇筑混凝土而损坏。获得的应变时程相位统一，针对每个工况取代表地震力作用方向不同的两个时刻，读取应变峰值，将结果列于表 3-14 中，其中拉应变为正值，压应变为负值，“N. A.”代表该应变测试通道在试验初始经调试仍不可用，“失效”代表该通道在地震动增大过程中因应变过大而损坏。对 T3 ~ T6 工况应变时程，均选取输入第一次地震动时的拉压峰值，对应的地震动峰值为 0.6 ~ 1.0g。表中标示的测点位置中，“柱中”代表柱与纵向填充墙上部混凝土压顶交接的高度处，应变片设置在该高度的中央，略高于填充墙。

将表 3-14a)（T1 工况）两个峰值时刻的应变值列在柱对应的高度，以折线在水平方向的长度按比例表示应变大小，以此示意在往复地震力作用下柱各部位的纵向弯曲应变分布情况，见图 3-69。选取 T1 和 T3 两个工况的应变时程，分别列于图 3-70 和图 3-71。针对 T1 工况，选择单个柱各部位应变进行对比；针对 T3 工况，选择不同柱的相同部位应变进行对比。为使局部效果清晰，时程图中 T1 工况为截取地震动输入的第一段波包时间段，表中数据即取自该段峰值时刻。

由图 3-69 可知，在 T1 工况模型未破坏的初始弹性状态，教室两侧轴沿纵向振动时应变分布和大小因约束条件不同而形成较大差异。Ⓐ轴的中柱及边柱的柱弯曲有效高度因沿跨度满砌的低矮填充墙约束而缩短，在柱顶和柱中部矮墙约束高度处形成较大弯矩作用，使得此处应变最大。矮墙约束的柱下部区域应变值较小，即弯矩较小。Ⓑ轴中柱（②Ⓑ柱）也形成类似的应变分布，但因Ⓑ轴开窗洞、门洞等设计，填充墙分布不规则，连接不紧密，使得Ⓑ轴纵向填充墙刚度整体上比Ⓐ轴低，对中柱的约束力低于Ⓐ轴，所以②Ⓑ柱应变小于②Ⓐ柱。Ⓑ轴两边柱弯曲高度基本为全柱高，由对Ⅱ类应变片的分析可知其所受最大柱端弯矩小于Ⓐ轴两边柱，由其应变分布可见其底部出现弯矩最大值且整体应变小于中柱。总体来说，由于Ⓐ轴柱整体计算高度降低，抗弯刚度提高，初始时Ⓐ轴柱在纵向分担的地震剪力大于Ⓑ轴柱，造成Ⓐ轴柱柱顶及柱中最大弯矩处测得的应变大于Ⓑ轴。

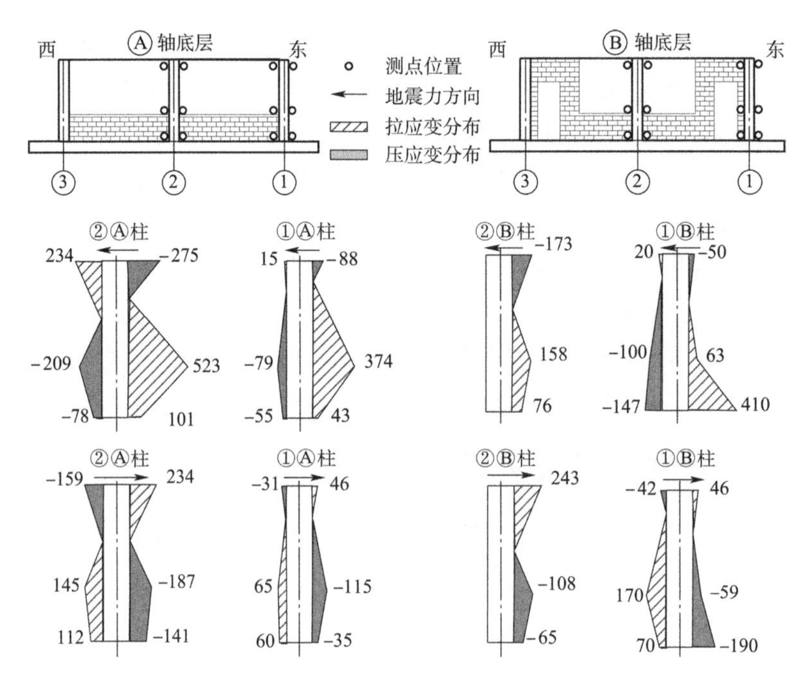

图 3-69　T1 工况Ⅱ类应变片测试结果

各工况Ⅱ类应变片测试结果（单位：με）　　表 3-14

a) T1 工况（0.1g）

柱号	应变片位置	地震力方向					
		向西（由①轴到②轴方向）			向东（由②轴到①轴方向）		
		柱顶	柱中	柱底	柱顶	柱中	柱底
①Ⓐ	东侧	-88	374	43	46	-115	-35
	西侧	15	-79	-55	-31	65	60
①Ⓑ	东侧	-50	63	410	46	-59	-190
	西侧	20	-100	-147	-42	170	70
②Ⓐ	东侧	-275	523	101	234	-187	-141
	西侧	234	-209	-78	-159	145	112
②Ⓑ	东侧	-173	158	76	243	-108	-65
	西侧	228	N. A.	N. A.	-156	N. A.	N. A.

b) T2 工况（0.1g）

柱号	应变片位置	地震力方向					
		向西（由①轴到②轴方向）			向东（由②轴到①轴方向）		
		柱顶	柱中	柱底	柱顶	柱中	柱底
①Ⓐ	东侧	-31	N. A.	N. A.	26	N. A.	N. A.
	西侧	14	-132	-31	-14	94	43

续上表

柱号	应变片位置	地震力方向					
		向西（由①轴到②轴方向）			向东（由②轴到①轴方向）		
		柱顶	柱中	柱底	柱顶	柱中	柱底
①Ⓑ	东侧	-26	39	239	31	-42	-143
	西侧	12	N. A.	-61	-12	N. A.	32
②Ⓐ	东侧	-178	224	93	133	-139	-73
	西侧	128	-97	-70	-86	95	55
②Ⓑ	东侧	-135	116	72	147	-90	-88
	西侧	151	-55	N. A.	-110	51	N. A.

c）T3 工况（0.6g）

柱号	应变片位置	地震力方向					
		向西（由①轴到②轴方向）			向东（由②轴到①轴方向）		
		柱顶	柱中	柱底	柱顶	柱中	柱底
①Ⓐ	东侧	-388	N. A.	N. A.	187	N. A.	N. A.
	西侧	286	-1011	-122	-449	1245	169
①Ⓑ	东侧	-101	493	1805	164	-135	-831
	西侧	214	N. A.	-430	-112	N. A.	604
②Ⓐ	东侧	-954	2682	288	1565	-932	-171
	西侧	889	-944	-132	-1032	1450	182
②Ⓑ	东侧	-804	1189	291	1796	-636	-350
	西侧	1403	-466	N. A.	-633	856	N. A.

d）T4 工况（1.0g）

柱号	应变片位置	地震力方向					
		向西（由①轴到②轴方向）			向东（由②轴到①轴方向）		
		柱顶	柱中	柱底	柱顶	柱中	柱底
①Ⓐ	东侧	-1275	N. A.	N. A.	-435	N. A.	N. A.
	西侧	-577	失效	61	-107	失效	-51
①Ⓑ	东侧	-74	351	1031	48	-259	-791
	西侧	64	N. A.	-397	-29	N. A.	191
②Ⓐ	东侧	-535	失效	560	-535	失效	560
	西侧	614	失效	-74	614	失效	-74
②Ⓑ	东侧	-355	失效	182	249	失效	-330
	西侧	877	-75	N. A.	-285	94	N. A.

e）T5 工况（1.0g）

柱号	应变片位置	地震力方向					
		向西（由①轴到②轴方向）			向东（由②轴到①轴方向）		
		柱顶	柱中	柱底	柱顶	柱中	柱底
①Ⓐ	东侧	-788	N. A.	N. A.	-585	N. A.	N. A.
	西侧	-212	失效	-53	-15	失效	131
①Ⓑ	东侧	-105	273	686	45	-355	-824
	西侧	12	N. A.	-252	-37	N. A.	234
②Ⓐ	东侧	失效	失效	522	失效	失效	-212
	西侧	-74	失效	-155	-727	失效	139
②Ⓑ	东侧	失效	失效	133	失效	失效	-256
	西侧	138	失效	N. A.	N. A.	失效	N. A.

f）T6 工况（0.9g）

柱号	应变片位置	地震力方向					
		向西（由①轴到②轴方向）			向东（由②轴到①轴方向）		
		柱顶	柱中	柱底	柱顶	柱中	柱底
①Ⓐ	东侧	-56	N. A.	N. A.	-194	N. A.	N. A.
	西侧	-30	失效	-363	9	失效	133
①Ⓑ	东侧	48	454	885	-85	-376	-768
	西侧	13	N. A.	-411	44	N. A.	139
②Ⓐ	东侧	失效	失效	361	失效	失效	-131
	西侧	266	失效	-232	-928	失效	108
②Ⓑ	东侧	失效	失效	146	失效	失效	-318
	西侧	282	失效	N. A.	-508	失效	N. A.

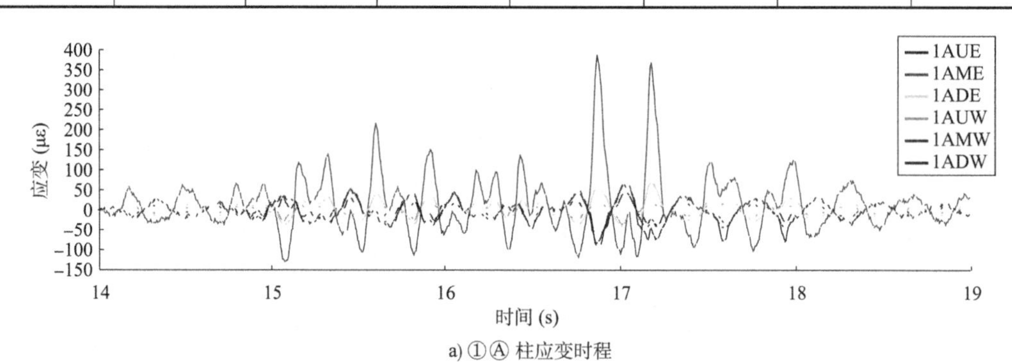

a) ①Ⓐ 柱应变时程

图 3-70

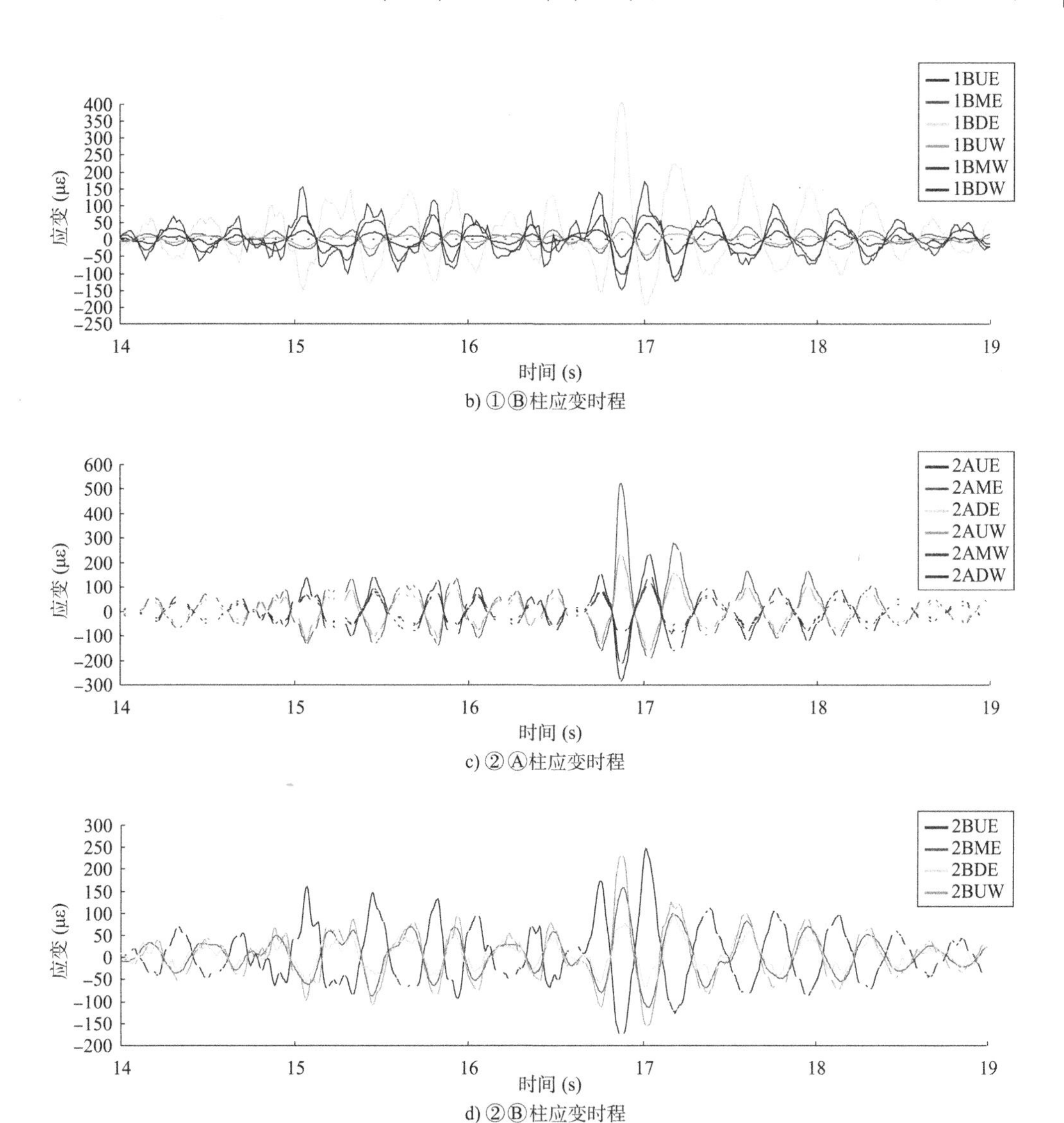

b) ①Ⓑ柱应变时程

c) ②Ⓐ柱应变时程

d) ②Ⓑ柱应变时程

图 3-70　T1 工况Ⅱ类应变片测试结果

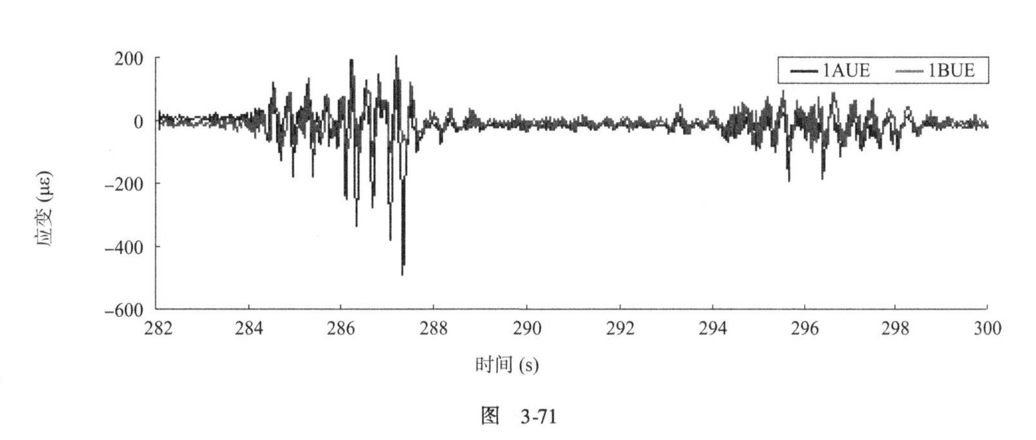

图　3-71

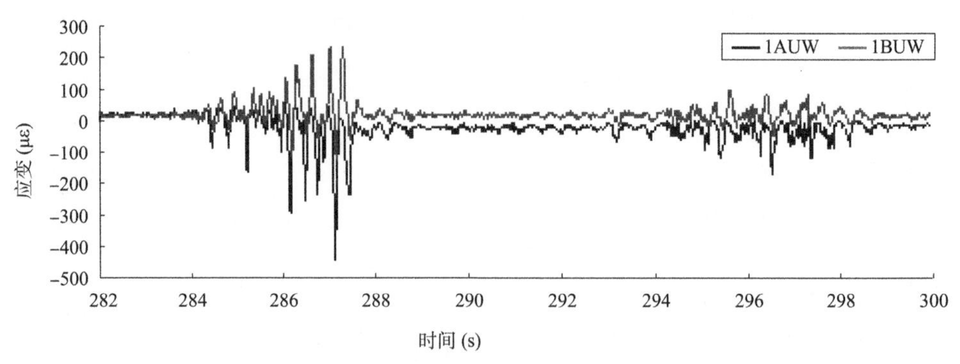

a) ①轴柱顶应变时程（柱东侧及西侧）

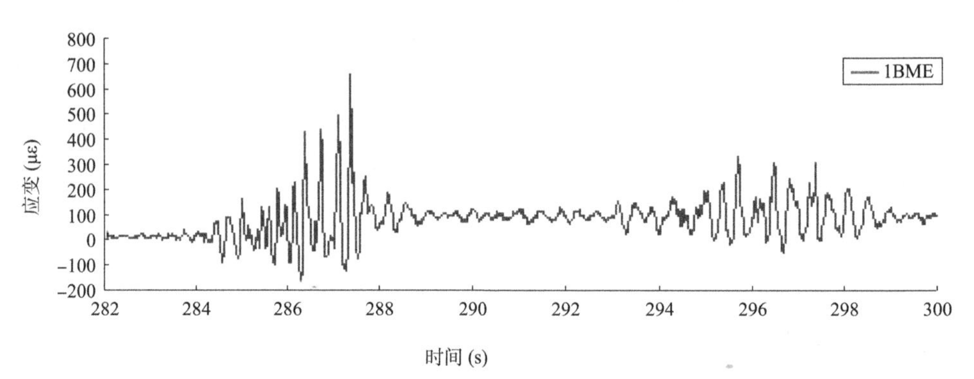

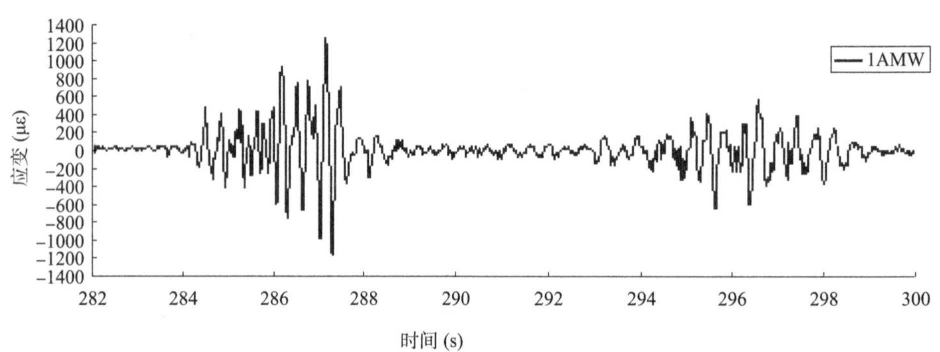

b) ①轴柱中应变时程（柱东侧及西侧）

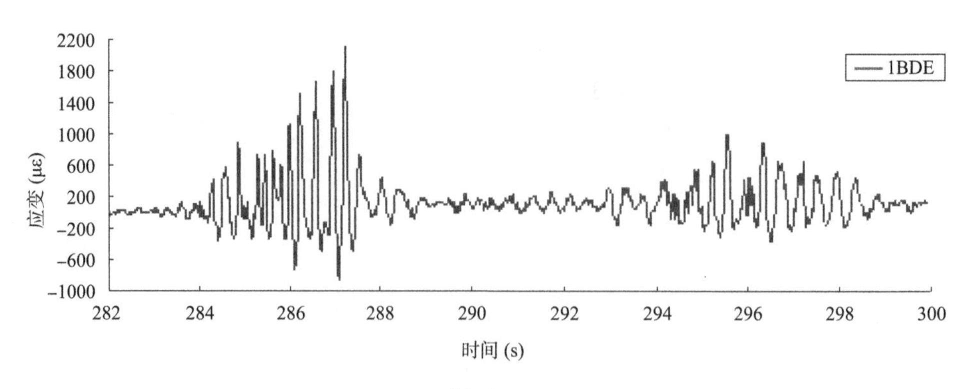

图 3-71

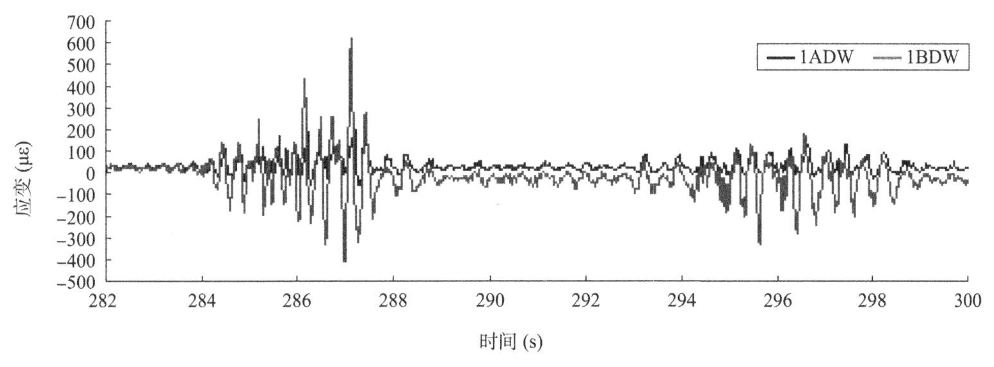

c) ①轴柱底应变时程（柱东侧及西侧）

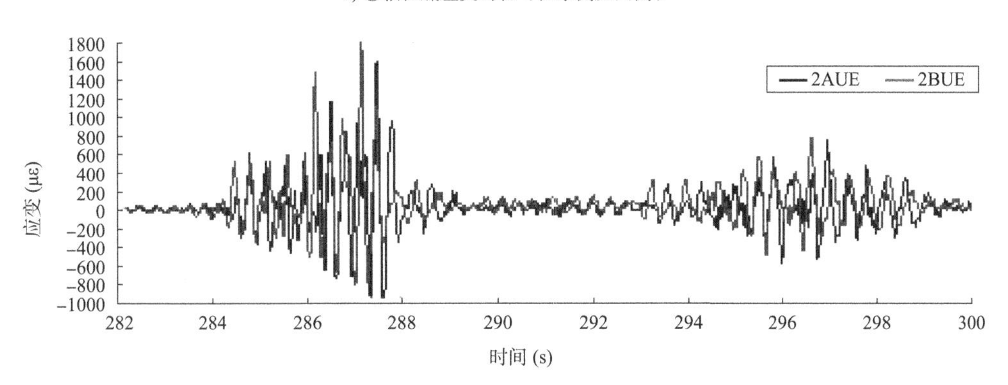

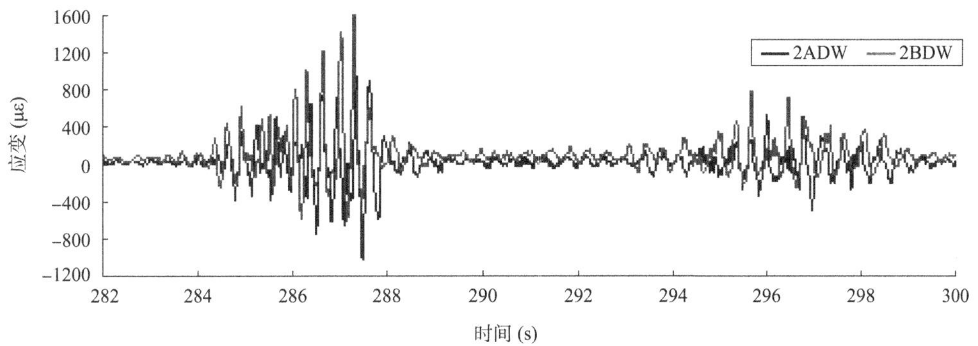

d) ②轴柱顶应变时程（柱东侧及西侧）

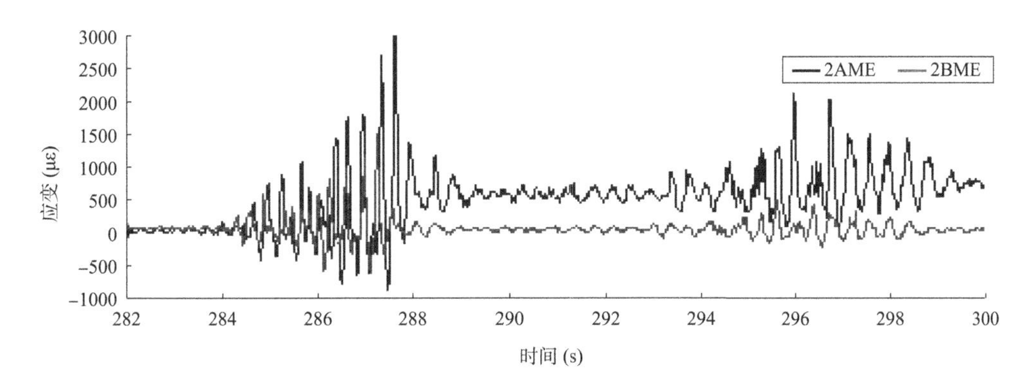

图　3-71

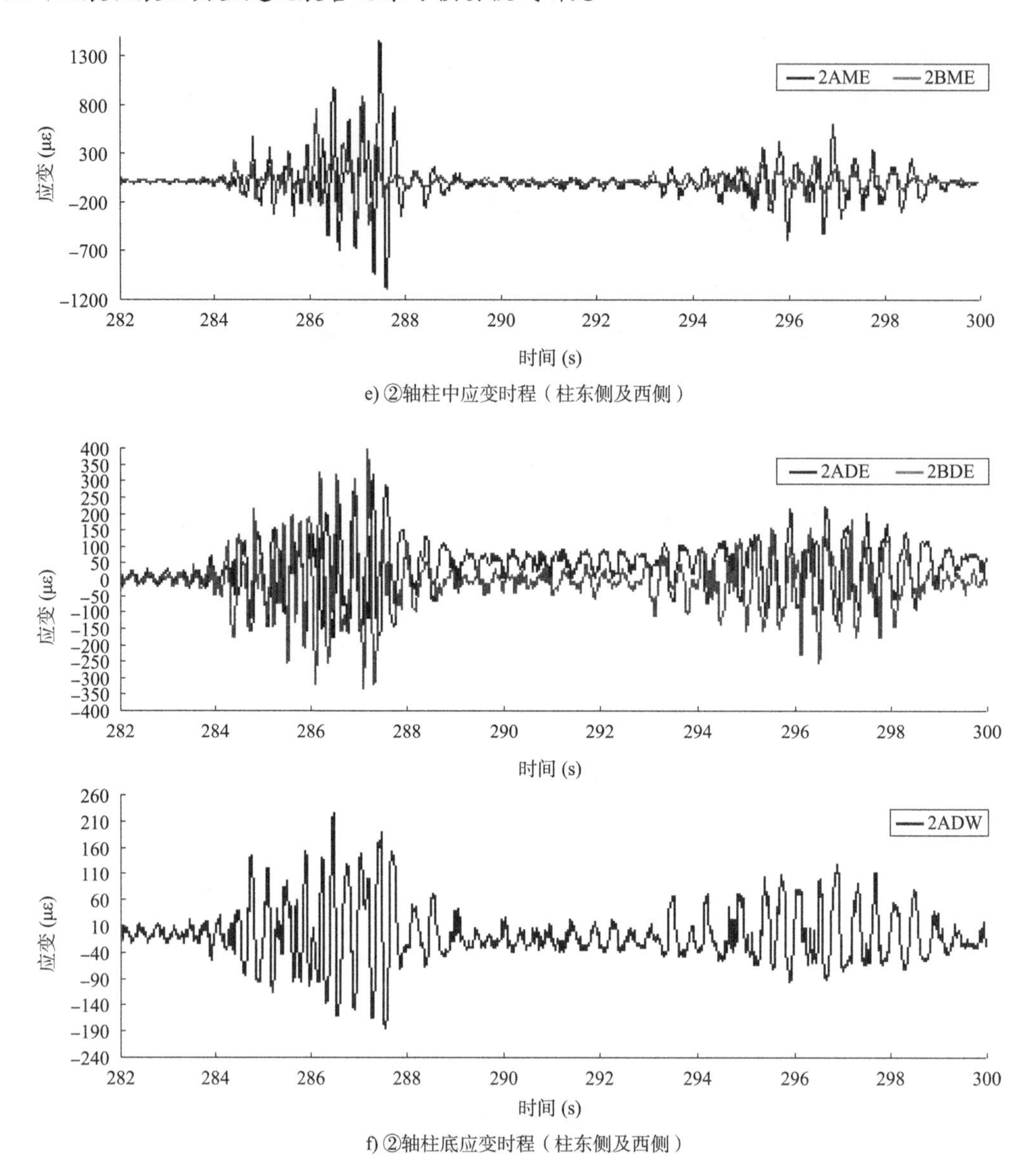

e) ②轴柱中应变时程（柱东侧及西侧）

f) ②轴柱底应变时程（柱东侧及西侧）

图 3-71　T3 工况Ⅱ类应变片测试结果

由表 3-14b）可知，T2 工况的测试结果与 T1 工况一致。

自 T3 工况起，受到的地震作用显著增强，T3 工况的第二次地震动输入峰值达到 1.0g，模型破坏并进入弹塑性阶段。表 3-14c）所示的 T3 工况应变测试结果中，矮墙对Ⓐ轴柱的约束作用明显，Ⓐ轴柱柱顶和柱中处的应变均大于Ⓑ轴，②Ⓐ柱柱顶和柱中应变显著大于其他柱。说明Ⓐ轴柱沿纵向受力整体显著大于Ⓑ轴柱。此工况中，纵向对应的宏观破坏是Ⓑ轴填充墙因开洞面积大且不规则、角部多受集中应力而易破坏，已经出现填充墙部分掉落的情况。Ⓐ轴半高填充墙仅在与柱交界边缘开裂，整体未出现裂缝。在横向两边满砌填充墙使得横向边榀分担的地震作用大，填充墙出现裂缝、刚度下降后，框架柱顶出现斜裂缝。

T4、T5 工况纵向应变测试结果显示，①Ⓐ柱柱顶应变显著增大，地震作用在Ⓐ轴集中纵向作用于边柱。地震力改变时，柱顶部两边应变均为压应变，说明该截面处受到的横向地震作用增强，局部变形增大，造成纵向应变值均为压应变，即随着横向填充墙的破坏，横向地震作用开始集中于Ⓐ轴边柱，分配了较多的双向地震作用，造成①Ⓐ柱柱顶应力集中。随着 T4 工况纵向地震动峰值的增大，②Ⓐ柱柱顶及柱中的应变值却未增加，是由于矮墙的破坏降低了对柱的约束，两边榀的破坏造成Ⓐ轴刚度较之前下降，所受地震力减小，但Ⓐ轴纵向矮墙未出现较重破坏，在②Ⓐ柱柱顶测得远大于②Ⓑ柱的应变值。Ⓑ轴纵向填充墙开始掉落，使得Ⓑ轴两柱应变显著减小。T4 及 T5 工况中，Ⓑ轴所有填充墙完全掉落，Ⓐ轴两边柱柱顶均严重破坏。②Ⓐ柱柱顶及柱中填充墙约束处出现弯曲裂缝及压剪破坏形态。

T6 工况纵向应变测试结果显示，①Ⓐ柱柱顶应变值接近零，是由于①Ⓐ柱柱顶混凝土出现完全脱落区域不再传力及受力迅速下降，表明Ⓐ轴两边柱破坏饱和，整体刚度下降显著。整个破坏过程中，Ⓐ轴低矮填充墙由于高宽比小、抗侧刚度大且设置混凝土压顶，未出现较严重破坏和掉落，使得②Ⓐ柱柱顶及中部应变始终较大，在 T4 ~ T5 工况中该柱的应变片率先失效。由于Ⓑ轴纵向刚度在初始时即显著降低，因而①Ⓑ柱应变值始终最小，对应的宏观破坏是在 T3 工况柱顶出现微小裂缝后未有进一步的破坏。

综上所述，由纵向应变结果可知，由于纵向低矮填充墙的设置和Ⓑ轴填充墙极易破坏，使得Ⓐ轴柱在地震作用中分担的地震剪力始终远高于Ⓑ轴柱。对应的宏观破坏为 6 个工况后Ⓐ轴所有柱均有严重破坏，而Ⓑ轴柱仅在边柱柱顶出现细小裂缝。Ⓒ轴柱由于柱截面高度小，抗侧刚度理论上仅为Ⓐ轴柱的 66%，所以未布置对比测点。至 T6 工况，Ⓒ轴柱除中柱出现与②Ⓐ柱类似的弯曲裂缝外，边柱破坏程度比Ⓑ轴柱轻。上述分析结果显示，模型纵向受到半高填充墙约束作用，使得教室侧边榀（Ⓐ轴）柱所受剪力和弯矩作用显著增强，纵向各轴的地震作用分配明显不均。

与原型结构相比，模型纵向仅 3 榀，故Ⓐ轴两边柱破坏后，整个轴刚度显著下降，分配的地震力减小，使得Ⓐ轴中柱在两端出现弯曲裂缝及压剪破坏后未继续破坏。

3.6.5　斜向混凝土应变实测数据分析

由第 3.6.2 节分析可知，弹性阶段内所测线应变大小与该轴纵向所受剪力大小成正比，即Ⅲ类应变片的应变测试数据可用于对比纵向 3 个轴（Ⓐ、Ⓑ、Ⓒ轴）在地震动输入时实际受到的剪力大小。在弹塑性阶段，应力应变不再保持线性关系，但仍然成某种正比例关系，所测应变值在 T3 工况之后仍可代表受到的剪力程度。

将 T2 ~ T6 工况应变测试结果的代表值列于表 3-15，表中应变代表值为拉应变有效峰值均值。因压缩应变较大时，应变片不能再紧贴混凝土表面而反映其实际受压应变大小，故选取每个工况输入前一次地震动（较小）的应变响应值。为通过Ⅲ类应变片的数据对比横向各轴线剪力情况，选择表 3-15 中每个工况每一行（即选择①、②、③轴各轴线在每个工况中的相同时刻）的 5 个均值的平均值。③Ⓒ柱及①Ⓑ柱的斜向应变片的测试结果在各工况中变化不明显，判断应变片粘贴不牢，数据无效。选取部分应变时程曲线绘于图 3-72 ~ 图 3-76。

各工况Ⅲ类应变片测试数据（单位：με）　　表 3-15

位置	T2 工况			T3 工况			T4 工况			T5 工况			T6 工况		
	Ⓐ轴	Ⓑ轴	Ⓒ轴	Ⓐ轴	Ⓑ轴	Ⓒ轴	Ⓐ轴	Ⓑ轴	Ⓒ轴	Ⓐ轴	Ⓑ轴	Ⓒ轴	Ⓐ轴	Ⓑ轴	Ⓒ轴
①轴	39	N. A.	9	284	N. A.	226	697	N. A.	439	667	N. A.	403	316	N. A.	560
②轴	17	33	10	644	589	182	568	462	329	753	434	337	失效	失效	410
③轴	134	118	N. A.	1437	741	N. A.	失效	1108	N. A.	失效	537	N. A.	失效	512	N. A.

注：1. 表格中数值为拉应变数值。
2. 每个工况连续取第一次输入的应变反应时程中相邻 5 个峰值做均值，每列数据所选时间段相同。
3. “N. A. ” 表示试验过程中该应变片数值反应不正常，数值不可用。“失效” 表示在试验中该应变片由于应变过大而破坏失效。

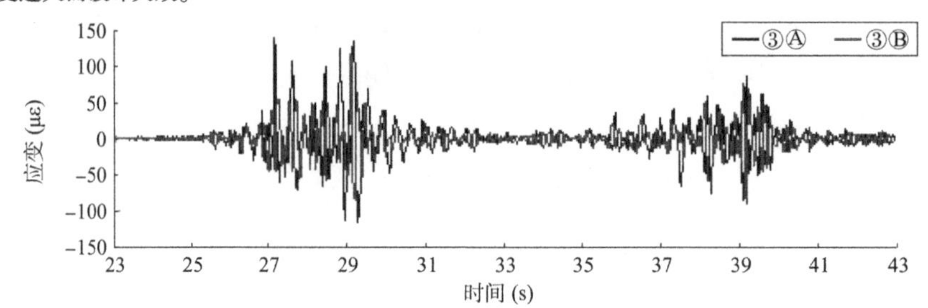

图 3-72　T2 工况③轴Ⅲ类应变片应变时程

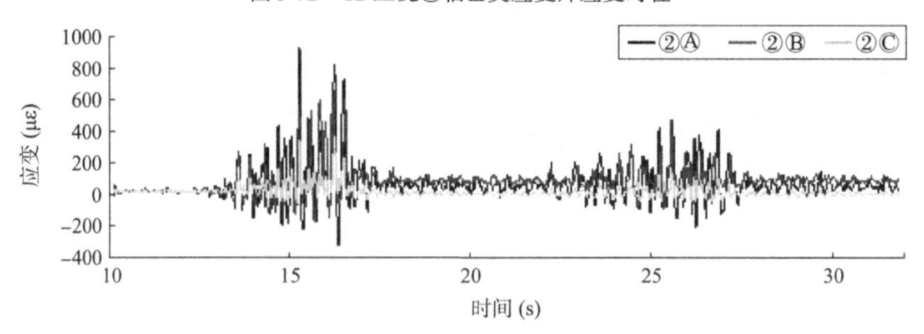

图 3-73　T3 工况②轴Ⅲ类应变片应变时程

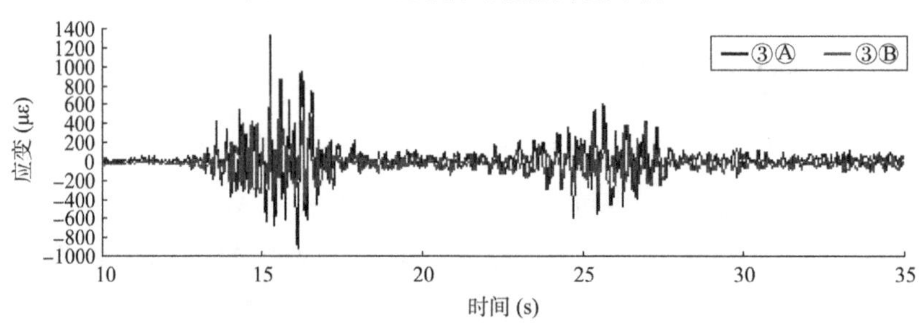

图 3-74　T3 工况③轴Ⅲ类应变片应变时程

综合以上对于Ⅲ类应变片的分析可知，影响纵向Ⓐ、Ⓑ、Ⓒ轴柱应变差别的主要因素是这 3 个轴线的抗侧刚度不同。按照柱抗弯刚度公式［式（3-2）］，Ⓒ轴柱由于截面宽度小于Ⓐ轴柱、Ⓑ轴柱，截面惯性矩为Ⓐ轴柱、Ⓑ轴柱的 0.66，水平地震剪力比Ⓐ轴柱、Ⓑ轴柱小 33%。Ⓑ轴柱受弯高度最大，Ⓐ、Ⓒ轴柱受到矮墙约束，柱受弯高度降低，抗侧刚度增大。所以，初始时Ⓐ轴柱抗侧刚度最大，受到的地震剪力最大。

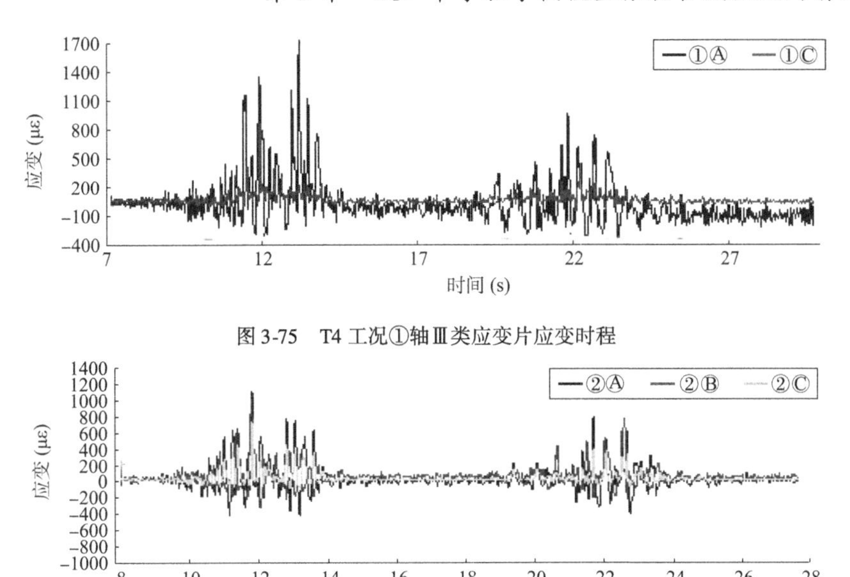

图 3-75　T4 工况①轴Ⅲ类应变片应变时程

图 3-76　T4 工况②轴Ⅲ类应变片应变时程

由表 3-15 应变数据可知，T2 工况（弹性阶段）模型纵向 3 个轴线按实际受到地震剪力由大到小排序为：Ⓐ轴 > Ⓑ轴 > Ⓒ轴（T2 工况时②轴线数值太小，不纳入参考）。T3 和 T4 工况，②轴线的对比显示，由于Ⓐ轴每个柱因矮墙约束引起的剪力比Ⓑ轴增大约 10% ~20%，该试验模型仅②Ⓐ柱两侧完全受到矮墙约束，Ⓐ轴两边柱外侧为混凝土小矮墙约束，因此约束力减小。T3 及 T4 工况中，Ⓐ轴应变片首先进入弹塑性阶段（应变数值显著增大）并失效。综合各工况应变数值变化过程可发现，③Ⓐ柱首先受到破坏而进入非线性阶段，拉应变值增大，与模型实际的柱破坏顺序相符。T5 工况之后，Ⓐ轴柱线刚度退化较大，受到的地震剪力减小，使得Ⓑ、Ⓒ轴柱承担的地震剪力增大。

由Ⅲ类应变片数据可知，模型Ⓐ轴线由于矮墙约束及柱截面最大，纵向抗侧刚度最大，在地震动输入时分担的地震剪力最大，每个柱承担的地震剪力比Ⓑ轴柱大约 10% ~20%。

考虑试验模型相似设计，试验模型属于欠人工质量模型，其剪力水平、轴向受力水平比原型降低，所以考虑加大地震动输入。该试验模型仅取原型的一间教室（纵向两跨），造成纵向两边柱所受约束力显著减小，且边柱数量占纵向柱数量的 2/3，与原型有一定差别，使得受到的矮墙约束作用减小。而模型宏观破坏显示，Ⓐ轴比其他纵向轴先破坏且破坏严重，说明原型结构在纵向由于半高填充墙的约束作用，教室侧边榀（对应于模型Ⓐ轴）受到的地震剪力和弯矩作用比其他轴更强，地震剪力主要由教室侧边榀承担。

3.7　多层钢筋混凝土框架结构倒塌试验设计

试验模型经历 T1 ~ T6 工况的地震动输入后，完全拆除测试用的传感器及应变仪等设备，将与振动台的连接螺栓重新紧固，并于模型周围铺设防护板。倒塌试验模型见图 3-77。

倒塌试验前模型破坏情况见图 3-78，可见：倒塌试验之前，Ⓐ轴边柱节点及柱端破坏严重，混凝土剥落，钢筋屈曲；Ⓑ、Ⓒ轴柱除Ⓒ轴中柱矮墙高度处出现混凝土压碎情况外，其余柱有开裂，但破坏轻微；横墙墙体开裂但未掉落。

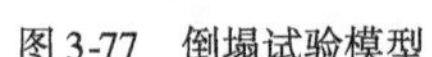
图 3-77　倒塌试验模型　　　　图 3-78　倒塌试验前模型破坏情况

在振动台试验 T6 工况后，模型纵、横向自振频率分别下降至 1.3Hz、4.1Hz。倒塌试验共输入 2 次双向地震动（分别称为倒塌工况 1、倒塌工况 2），在横、纵向分别输入 1.3Hz、4.1Hz 的正弦波。台面输入频率与模型自振频率相同，可发生共振。共振时模型振幅增大，且激振力与阻尼力相位相反，恢复力与惯性力相位相反，激振力全部由阻尼力克服，消耗能量，使得模型更易破坏。两次地震动的双向幅值分别为 $0.1g$ 和 $0.2g$，时长 30s。在输入第二次地震动时，模型倒塌。

3.8　模型破坏发展及倒塌过程

倒塌试验中，输入第一次正弦波后，模型整体损坏情况见图 3-79。在 T1 ~ T6 工况后，模型Ⓐ轴的①Ⓐ柱、③Ⓐ柱柱端及节点混凝土完全剥落，钢筋屈曲，损伤饱和。

图 3-79　倒塌工况 1 整体破坏情况

输入第一次正弦波后，Ⓐ轴两柱侧移加大（图 3-80）。模型Ⓐ轴第 1、2 层中柱受纵向矮墙约束端出现明显的压剪破坏，混凝土压碎剥落（图 3-81）。模型Ⓑ轴的①Ⓑ柱在此次工况中发生严重破坏，柱端及节点区完全成铰并发生侧移，②Ⓑ柱柱脚出现裂缝及轻微混凝土压碎，③Ⓑ柱柱端斜裂缝沿横向发展，柱脚裂缝及出现混凝土压碎（图3-82、图3-83）。模型Ⓒ轴①Ⓒ柱柱端及节点区域严重破坏，混凝土剥落，钢筋大部分出露，②Ⓒ柱破坏情况与②Ⓐ柱类似，③Ⓒ柱在底部矮墙约束处及柱端有轻微裂缝（图3-84）。模型①轴①Ⓑ、①Ⓒ柱损伤迅速发展，且①Ⓑ柱也发生侧移部分失效，横墙部分脱落，横向地震作用及重力作用造成横墙斜裂缝，纵向地震作用造成竖向裂缝（图3-85）。模型③轴的破坏在本工况中未有较显著发展（图3-83）。

图3-80 倒塌工况1模型Ⓐ轴破坏情况

图3-81 倒塌工况1模型Ⓐ轴第2层破坏情况

图3-82 倒塌工况1模型Ⓑ轴破坏情况

图3-83 倒塌工况1模型③轴破坏情况

图 3-84　倒塌工况 1 模型Ⓒ轴破坏情况

图 3-85　倒塌工况 1 模型①轴破坏情况

由模型倒塌之前各柱的破坏可知，仅①Ⓐ、③Ⓐ、①Ⓑ柱柱端严重破坏，其余各柱破坏较轻，且各柱柱脚未见严重损坏（②Ⓑ柱除外）。

在输入第二次正弦波过程中，模型倒塌。倒塌瞬间，模型①轴线一侧（先失效侧）摄像机位视频截图见图 3-86。

由图 3-86 所示的倒塌过程可知，模型倒塌始于Ⓐ轴线的失效。模型Ⓐ轴的③Ⓐ柱柱顶严重破坏后，①Ⓐ柱在倒塌工况 1 中也发生严重破坏，部分失效且发生侧移，使得Ⓐ轴线损伤饱和，继而①Ⓑ柱柱端完全破坏，在倒塌工况 2 中①Ⓒ柱最终在矮墙约束高度及柱端成铰失效，造成模型Ⓐ轴完全失去承重能力，自第 1 层起连续垮塌。

a)

b)

图　3-86

c)　d)

e)　f)

g)　h)

图 3-86　模型倒塌瞬间视频截图

模型倒塌后情况见图 3-87。逐层剪断废墟楼板，做分层处理。倒塌后各层破坏情况及逐层分解后倒塌形状见图 3-88 ~ 图 3-91。其中，编号 F1 代表楼板，表示第 1 层楼板，以此类推；编号 F1-A1 代表模型的第 1 层①Ⓐ柱，以此类推。

a)

b)

图 3-87　模型倒塌情况

图 3-88　模型第 1 层倒塌形状示意图

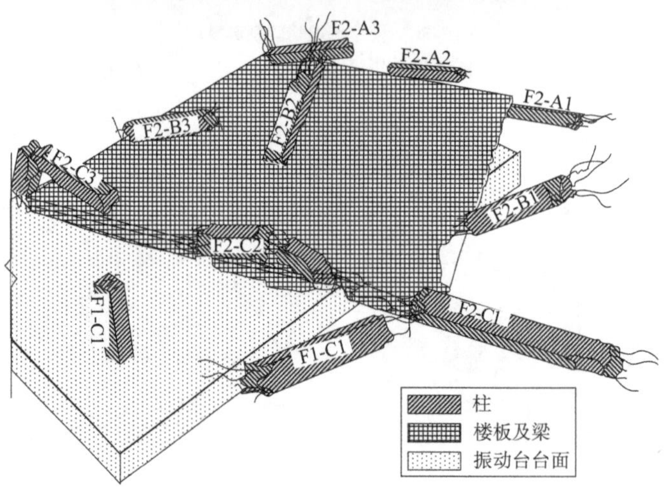

图 3-89　模型第 2 层倒塌形状示意图

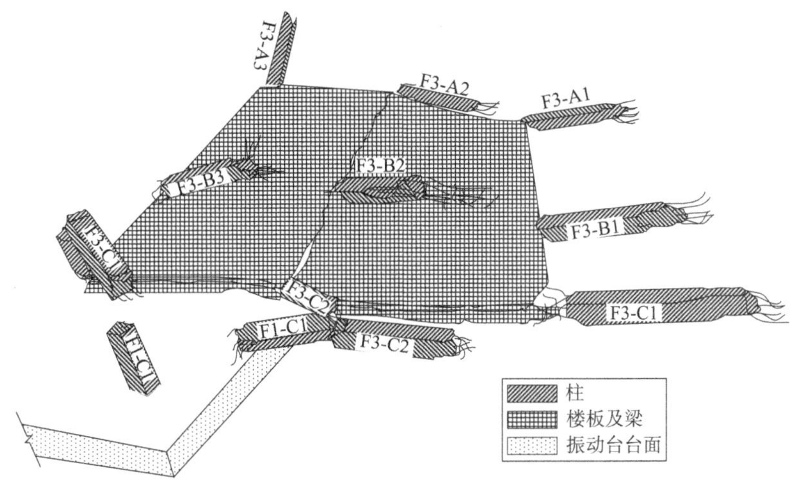

图3-90　模型第3层倒塌形状示意图

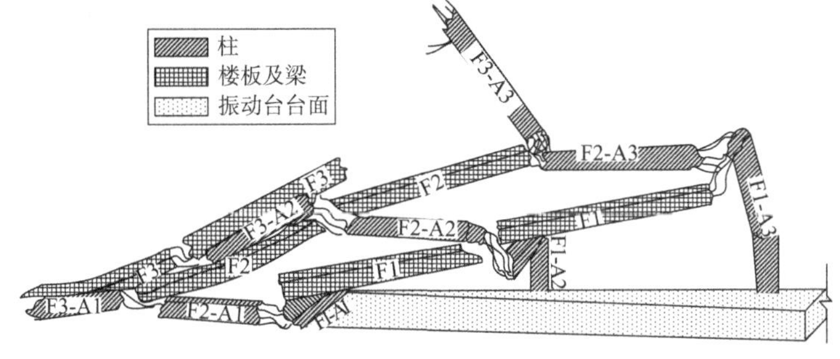

a) Ⓐ轴

图　3-91

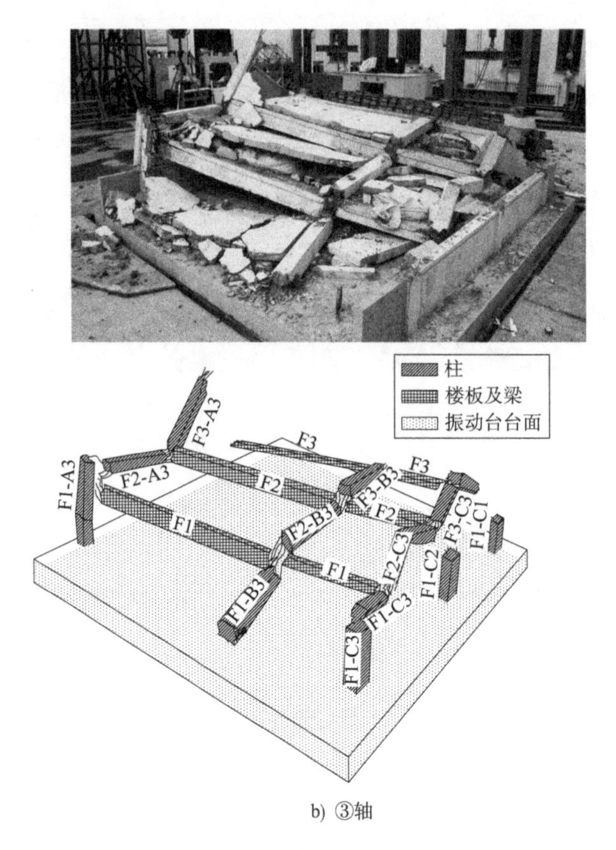

b) ③轴

图 3-91 模型倒塌外层示意图

由上述倒塌情况可知，模型横向①轴失效后，在重力作用下，各层下挫，沿纵、横向之间倒塌。横向③轴及纵向Ⓒ轴各柱在倒塌前各工况中破坏较轻，钢筋未出露，在倒塌过程中由于重力作用而断裂。底层各柱断裂情况如下：Ⓒ轴柱全部为短柱断裂，即在矮墙约束高度及柱端断裂；Ⓑ轴柱全部在柱脚及柱端断裂；Ⓐ轴柱除①Ⓐ柱外，其余两柱也形成“短柱”断裂形式；第 2、3 层的②Ⓒ、③Ⓒ柱为“短柱”断裂形式，其余柱未在有矮墙高度破坏。

3.9 模型倒塌机理分析

模型自初始破坏至倒塌，各柱的破坏及失效顺序见图 3-92。联系振动台试验和倒塌试验中模型的破坏过程可知，模型的最终倒塌是由教室侧角柱（③Ⓐ柱）的柱端破坏引发的，进而发展成该柱节点区破坏，③Ⓐ柱端节点区混凝土完全剥落，发生钢筋屈曲侧移后失去部分承重及抗侧能力，水平地震力和重力在Ⓐ轴重新分配后导致①Ⓐ柱迅速破坏，即教室侧两角柱柱顶基本失效，出现侧移及下挫，因柱根部未成铰以及柱端仍有部分柱钢筋的支撑使得框架整体未失稳，承力能力大大降低。在输入地震动过程中，水平地震力及重力集中于Ⓑ轴边柱，使得①Ⓑ柱严重破坏，①轴两柱部分失效使得①Ⓒ柱分配的重力及水平地震力突然增大，在矮墙约束高度及柱端迅速成铰，使得①Ⓒ柱完全失效，而后①轴柱退出工作，导致模型一侧倾覆，在重力作用下连续倒塌。

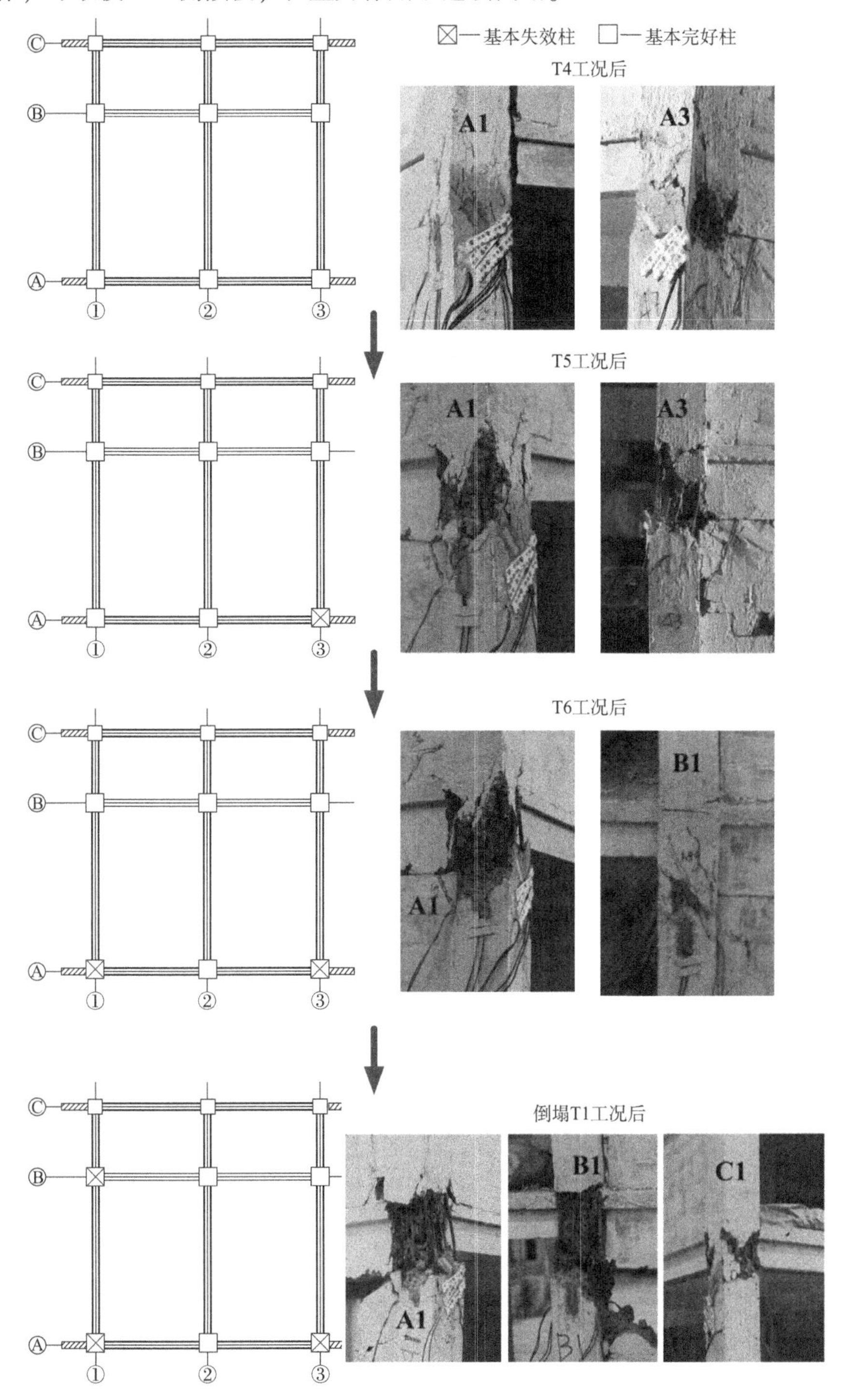

图 3-92　模型各柱的破坏及失效过程

造成模型最终倒塌的决定性因素是Ⓐ轴柱整体破坏严重，承担水平地震力及轴向力的能力严重下降。这是由于Ⓐ轴设置了低矮填充墙，整个轴的抗侧刚度大大提高以及柱弯曲高度的缩减降低了延性，增大了柱端弯矩作用。

综合理论分析、试验破坏情况和测试数据，造成以上破坏及倒塌模式的原因来自多方面：

（1）模型纵向Ⓐ、Ⓒ轴均砌筑了矮填充墙，填充墙上部设置钢筋混凝土压顶，与柱紧密连接，Ⓑ轴填充墙开大面积窗洞、门洞且未完全与两侧柱连接，且Ⓒ轴柱截面面积小于Ⓐ、Ⓑ轴柱，以上因素使得Ⓐ轴柱的刚度明显大于Ⓑ、Ⓒ轴柱，分担更大的地震剪力。而矮墙约束了柱底部变形，使得柱变形高度降低，延性下降，刚度增大，柱端弯矩增大。由Ⅱ、Ⅲ类应变片测量数值、理论计算及宏观破坏可知，Ⓐ轴柱柱端弯矩及承受剪力都明显大于其他两轴，且Ⓐ轴柱分担大部分地震剪力。近半高的填充墙在初始破坏时，造成Ⓐ轴中柱两端形成部分短柱效应，呈现压剪破坏。

（2）从模型在地震作用下受到的倾覆力矩引起的附加轴力及重力造成的轴压力来看（可结合Ⅰ类应变片数据），Ⓐ、Ⓑ、Ⓒ三轴中，Ⓑ、Ⓒ轴距离接近且远离Ⓐ轴，使得Ⓐ轴倾覆力矩最大，静轴压比排序为Ⓑ轴 > Ⓐ轴 > Ⓒ轴。而当地震动较大时，附加弯矩引起的动轴压远大于静轴压。这使得Ⓐ轴柱竖向受力远大于其他两轴。

（3）模型横向砌筑大面积全高填充墙，添加了构造柱、拉结筋等构造设置。模型模态测试数据显示，横向自振频率在砌筑横墙后提高 2 倍多，可知该横墙使得模型刚度显著提高，横向①、③轴柱抗侧刚度大，使其分担的水平地震力显著大于②轴柱，造成填充墙出现初始角部破坏后，极大的地震剪力迅速使得②轴填充墙两侧边柱柱顶剪切开裂，成为引发结构损伤及倒塌的初始要素。但这有一定偶然性，满填横墙的破坏形式并不局限于本模型的形式，造成模型严重损伤的决定因素仍为低矮填充墙造成的教室纵向侧边榀综合受力过大。

上述三方面因素共同造成Ⓐ轴各柱承受的双向水平地震力共同作用及轴向力往复作用远大于其余各柱，且中柱由于两侧受到矮墙约束，初始破坏时柱端、柱中应变高于边柱，发生弯剪破坏。①Ⓐ柱及③Ⓐ柱由于柱端开展剪切斜裂缝而使得损伤在两柱柱顶累积，至发生侧移，在重力作用下高度降低，部分失效。之后①Ⓑ柱及①Ⓒ柱分担更多的地震作用，迅速在柱端出现塑性铰。其中，最后失效的①Ⓒ柱分担大部分水平剪力及重力作用，由于受矮墙约束，迅速形成Ⓐ轴中柱初始时的压剪破坏而造成两端破坏，形成机构，在重力作用下完全失效下挫，最终造成倒塌。

下面详细分解模型各柱的破坏过程。①Ⓐ柱和③Ⓐ柱为角柱，柱顶端节点区是模型 3 个方向钢筋的交汇处，并且包含水平双向钢筋端部弯钩等，在试验过程中出现超筋钢筋未屈服时混凝土完全剥落现象，使得角柱节点区更易破坏失效。在实际工程的浇筑过程中，也易出现角柱节点区浇筑不密实的情况。

模型横向自振频率远高于纵向自振频率，即横向初始刚度大。横向跨度大，导致梁截面高度大，配筋多，与楼板共同作用，造成模型初始斜裂缝出现在柱且沿横向开展。横墙砌筑过程中，底部被压紧密且上部斜砌，使得在初始时，横向填充墙上部角部最先脱开柱，③Ⓐ柱柱顶所受剪力增大，然而柱顶不再受到填充墙约束，局部变形增大，发生破坏。纵向③Ⓐ柱受到矮墙约束，最大弯矩在柱顶及填充墙上端。横向柱端出现斜裂缝而破坏后，模型纵向地震力分配十分不均，Ⓐ轴最多，使得③Ⓐ柱柱端形成严重破坏并发展至整个节点破坏、侧移。

模型③Ⓐ柱端部首先开裂，造成局部刚度迅速下降，承载力不足，而地震力及竖向重力并不会迅速重新分配，导致该区域迅速破坏直至节点区破坏，整个柱发生侧移，失去部分承力能力。此时，重力及水平地震力重分配，①Ⓐ柱由于前述 3 个原因，仍承受远高于其余柱的水平地震力及竖向力，因此①Ⓐ柱重复之前的破坏过程。

此时，模型横向填充墙仅小部分掉落，且由于角柱柱顶节点区混凝土完全剥落，造成柱高度微幅降低，横墙受压并开始承担部分竖向荷载，使得模型未整体倾覆。在①Ⓐ柱和③Ⓐ柱部分失效、刚度降低后，Ⓐ轴分担的水平地震作用大幅减少，而Ⓑ轴横墙仍未完全倒塌，仅在上部有部分掉落，分担较大地震力，对柱端保护作用下降。由于横墙的作用以及承受轴压增大，因而在Ⓐ轴两柱破坏后①Ⓑ柱从表面混凝土开裂破坏迅速发展成柱端及节点区成铰，发生侧移，基本不能承重。

随后，作为角柱的①Ⓒ柱相连的纵向带压顶半高填充墙不易破坏，使得①Ⓒ柱矮墙约束高度处及柱端迅速破坏，并伴随着压剪作用完全破坏，柱顶和柱中同时破坏使得①Ⓒ柱完全失效，模型底层①轴柱倒塌，沿纵向发生倾覆，因教室侧角柱先发生失效并侧移，柱高度降低，所以倒塌方向偏向教室侧。

综上所述，模型的破坏机理是纵向半高填充墙的设置造成纵向教室侧边榀柱分担大部分地震剪力，遭受严重破坏，引起其他柱受力集中、迅速失效并引起倒塌。柱网设计中，横向柱分布极为不均，廊柱截面较小，角柱节点区由于位置及纵筋交汇等因素而易破坏等不利因素也进一步促进了损伤集中在Ⓐ轴。

3.10　试验模型与原型结构倒塌模式对比

总结试验模型的震害及倒塌原因，与第 2 章所述原型结构的震害及倒塌模式进行对比，二者的相同点有以下几个方面：

(1) 原型与模型损伤情况均为底层最重，底层是引起倒塌的薄弱层。这个特点缘于框架结构所受水平地震剪力自上向下积累，多层框架结构剪切型变形形式使得底层层间变形最大。

(2) 引起倒塌的关键损伤均出现在教室侧角部柱，倒塌方向均为整体向教室侧(图 3-93)。由于第 3.9 节中所述原因导致教室侧角柱在地震中成为“最不利受力柱”，受到的竖向及水平力远大于中柱及廊柱，模型与原型横、纵向柱和填充墙的分布情况相同，所以都在该柱先破坏失效。

(3) 底层廊柱损伤模式相同，均为柱顶区域及角柱柱顶节点区破坏，且在矮墙约束高度出现混凝土压溃区域，倒塌时在柱顶折断，见图 3-94。廊柱在纵向由于有半高填充墙的约束作用，柱根部不易变形破坏，而柱端和矮墙顶部高度形成较大弯矩造成破坏。原型结构中，由于角柱柱端节点区钢筋密集交汇，混凝土黏结失效，角柱受到双向地震动引起的倾覆力矩大，导致节点区破坏严重，模型底层①Ⓐ柱、③Ⓐ柱节点区的破坏情况也与之类似。

图 3-93　倒塌方向对比（均倾向教室侧）

图 3-94　原型与模型廊柱损伤模式对比

（4）底层中柱损伤均为在柱端和柱底出铰，但柱顶损伤比柱底严重，倒塌时柱根未成铰失效而在柱顶折断，对比见图 3-95。这是由于中柱在横向多与满砌填充墙相连，柱根部在结构破坏初期受到填充墙约束，柱端由于填充墙角部先开裂损伤及梁的作用等造成的破坏重于柱根部，局部刚度下降，损伤的发展比柱根部快，最终损伤也比柱根部严重。

图 3-95　原型与模型中柱损伤模式对比

模型与原型结构的倒塌模式的不同点在于，倒塌前最后的失效柱存在差别，导致倒塌方向不同、底层堆积方向不同。两者倒塌前的柱失效顺序对比见图 3-96。图中箭头指向代表柱失效顺序。实心箭头最终指向的柱，为两端破坏形成塑性铰、最终完全失效的柱。模型中为①Ⓒ柱，原型中为②Ⓐ柱，两柱在柱端及柱中部矮墙约束高度成铰，在其破坏、完全失效后，模型竖向承重能力丧失，导致上部各楼层连续向失效侧倒塌。

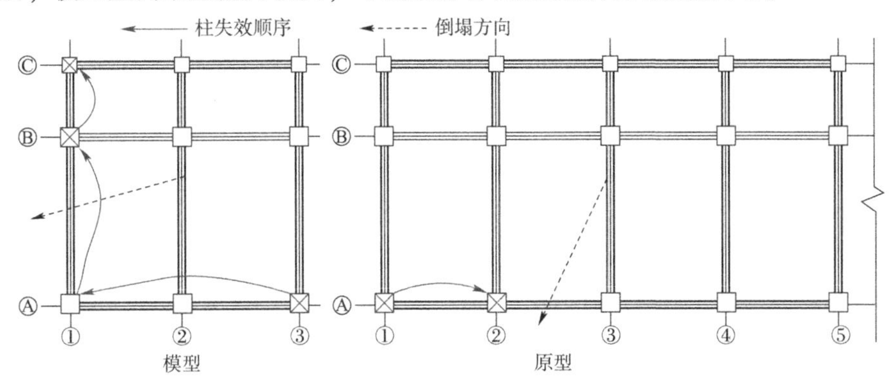

图 3-96　模型与原型倒塌前柱失效顺序对比

造成这种差别的原因在于，由于振动台尺寸、载重、缩尺比等限制，仅能取原型纵向的三榀框架（一个教室单元）制成模型并进行模拟试验。而原型结构纵向跨数多，远多于横向的两跨；模型横向跨数少，造成两个角柱距离较近，Ⓐ轴柱受力及边界约束情况不同于原型结构。

以上不同造成模型③Ⓐ柱、①Ⓐ柱发生节点破坏后，①Ⓑ柱先于②Ⓐ柱破坏，直接导致了与原型结构倒塌模式的差异。主要原因来自以下方面：

（1）模型有 2 个距离近的角柱，占柱总数的 2/3，破坏后Ⓐ轴柱线刚度下降严重，Ⓐ轴柱分担的水平地震作用减小。

（2）实际结构的纵向抗侧刚度远大于横向抗侧刚度，纵向多跨矮墙的抗侧刚度叠加，使得纵向轴分担的地震力增大，且多跨矮墙对底层边柱的约束作用比模型强（模型仅有 2 片矮墙相连）。模型无法完全模拟这一约束条件。

（3）原型中②Ⓐ柱处于整个纵轴轴线边缘，受到的整体倾覆力矩大；模型中②Ⓐ柱则位于整个结构纵向轴线中间。

模型破坏的发展过程为，最不利的受力柱③Ⓐ、①Ⓐ接连在柱端及节点区破坏成铰，由于③Ⓐ柱和①Ⓐ柱根部破坏较轻，纵向仅一侧受矮墙约束，所以在纵向矮墙约束处柱损伤较轻，没有形成两点成铰情况。重力荷载主要分配给①Ⓑ柱、②Ⓐ柱，①Ⓑ柱先于②Ⓐ柱发生柱端破坏。柱端破坏失效的 3 个柱均为在一点成塑性铰，没有完全失去承重能力。①Ⓑ柱破坏后，在倒塌视频中可见①Ⓒ柱在矮墙高度和柱端两点迅速破坏成铰，完全失去承重能力，①轴线迅速失效，最终造成模型整体垮塌。

模型最终倒塌前一刻，横向①轴整体失效，所以倒塌偏纵向。而原型最终倒塌前一刻，纵轴个别边柱失效，所以倒塌偏横向。模型倒塌前①Ⓐ柱、①Ⓑ柱柱端均破坏，完全成铰，承重能力大部分丧失，倒塌时①轴整体失效，被上部各层带动倒向整体倒塌方向。实际上，结构纵向Ⓐ轴柱接连失效后，Ⓑ、Ⓒ轴柱整体上并未完全破坏、失效，且Ⓑ、Ⓒ轴线距离较近，仍能共同承重。原型结构Ⓐ轴两边柱完全失效后，上部倾覆，在Ⓑ、Ⓒ轴柱顶部折断，底层Ⓑ、Ⓒ轴柱直立，被落下的上部结构挤至倒塌的反向，所以原型结构底层Ⓑ、Ⓒ轴柱倒塌方向与上部相反。

综上所述，模型与原型的抗震不利因素相同，破坏与倒塌模式基本一致，试验过程基本再现了原型结构在地震中的倒塌发展模式（角柱先破坏，进而矮墙约束柱两端成铰，丧失承重能力），表明试验模型的受力及破坏情况可以反映原型的倒塌原因。由此判断原型结构倒塌的触发因素为教室纵向侧边柱完全失效。

原型结构中，①Ⓐ柱柱端失去部分承重能力后，竖向荷载分配给距离其较近的②Ⓐ柱、①Ⓑ柱，②Ⓐ柱两侧受到矮填充墙约束，柱端、约束高度处剪力和弯矩增大；②Ⓐ柱位于整个结构纵向边缘，纵向倾覆力矩大；纵向Ⓐ轴跨数多、布置矮墙多，对柱中部约束作用强，整体抗侧刚度增大，造成单个柱分担的纵向地震剪力较大。所以原型结构的破坏过程为：①Ⓐ柱柱端失去承重能力后，②Ⓐ柱先于①Ⓑ柱在短柱两端成铰，造成竖向承重能力完全丧失，引发了结构的倒塌。

3.11 填充墙对钢筋混凝土框架结构破坏模式的影响

第2章总结了现有的填充墙抗震性能研究成果，主要集中于：填充墙与框架结构协同作用过程中的破坏特点、填充墙对框架抗震性能的有利方面以及填充墙不合理布置引起的对抗震不利因素。对于本研究进行的加填充墙钢筋混凝土框架结构的倒塌试验，以往的研究很少。试验过程中的破坏情况及视频直观地展现了填充墙对框架损伤机制及最终倒塌的影响，对比已有的纯框架结构振动台倒塌试验研究，可以得到填充墙对钢筋混凝土框架结构的整体损伤机制有以下几方面的影响：

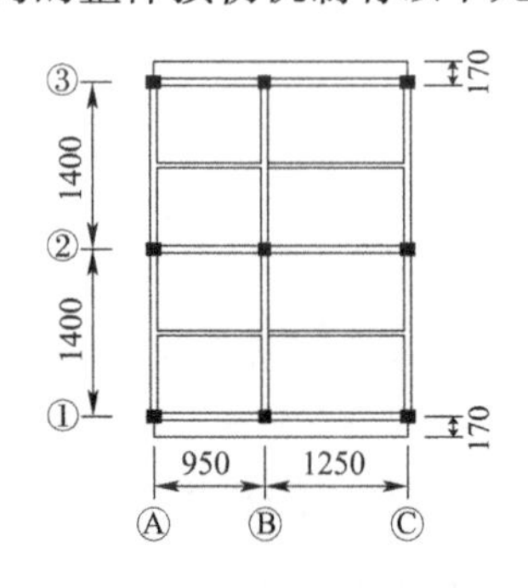

图3-97　已有试验研究[19]中的纯框架结构倒塌试验模型平面图（尺寸单位：mm）

1）结构整体设置填充墙，使得边柱破坏比中柱严重，且集中在柱端

对比以往的纯框架结构振动台倒塌试验[19]，该试验中模型柱网及柱截面设置如图3-97所示，沿Ⓐ、Ⓑ、Ⓒ轴方向单向输入地震动至模型严重破坏，造成的结果为中轴Ⓑ轴柱破坏最重，且柱根及柱顶均发生破坏，见图3-98。该试验中，水平地震作用引起的柱端弯矩、中柱静轴压最大，造成中柱延性较差，是结构破坏的主因。

而本书的试验模型为加填充墙的边柱破坏最重，且柱顶破坏比柱根严重。填充墙多用于分隔房间，且常加在柱网边缘。加填充墙后，结构整体刚度提高较大，水平地震作用增强导致的倾覆力矩所引起的动轴压增大成为结构破坏的主因，因而边柱破坏比中柱严重。

填充墙对框架损伤机制的这一影响，使得边柱、角柱的抗震不利因素增加。由于角柱节点区有较多的钢筋端部交汇，易造成类似于漩口中学教学楼廊柱的节点破坏；或者与边柱的其他抗震不利因素（半高填充墙、窗洞、门洞等）叠加，造成边柱的严重破坏。

图 3-98　已有试验研究中的纯框架结构倒塌试验模型底层各柱破坏情况

2）填充墙使得框架柱柱端的破坏比柱根部严重

纵观本章试验模型的柱的破坏，除②Ⓑ柱因双向无填充墙约束而在柱端、柱根出现裂缝外，其余柱均由于与填充墙相连而造成柱端破坏严重。文献［19］的纯框架柱则在柱两端出现程度相近的损伤，原因在于全高填充墙在结构损伤初期分担地震力且约束柱变形。由于填充墙自底部砌筑，上部重力作用造成墙下部砌筑比顶部密实，且顶部设置斜砌，造成填充墙顶部一般先开裂，或自上端开展裂缝。当填充墙开始破坏后，其紧邻的柱端先获得变形空间而开展裂缝。随着结构损伤的发展，与填充墙相连接的柱端由于先出现破坏而局部刚度下降，但柱总体受力未改变，因而柱端损伤的发展比柱根快，且损伤比柱根部严重。

这一影响避免了柱两端受损形成塑性铰而最终完全失去承重能力。因此，在填充墙破坏初期，该影响可被视为填充墙对框架损伤机制的有利影响。

3）在破坏中期，填充墙易造成与其相连的柱因柱端局部变形和受力过大而发生剪切破坏

在填充墙破坏发展后，上端连接梁区域开裂，角部由于梁柱挤压，受力集中，会出现压溃、掉落，或者在靠近角部出现较大斜裂缝。这使得填充墙和与之相邻的柱端出现小空间或者缝隙，形成如图 2-2 的极短柱效应，造成局部变形和受力增大，使柱端受到剪切作用。

在本书振动台试验过程中，满布填充墙的横墙端柱破坏过程即呈现此特点。①Ⓐ柱、③Ⓐ柱受到横墙破坏而造成柱端破坏的发展过程见图 3-99 和图 3-100。①Ⓐ柱、③Ⓐ柱完全对称，均为角柱，受力情况一致。③Ⓐ柱由于临近横墙先发生局部破坏，造成其柱端损

伤发展比①Ⓐ柱迅速，尤其在临近横墙处掉落面积增大后，③Ⓐ柱柱端出现较大变形，形成侧移。①Ⓐ柱临近横墙，T5 工况前破坏较轻，柱端仅出现轻微裂缝，在①轴出现较大斜裂缝后，①Ⓐ柱的破坏随之加重。

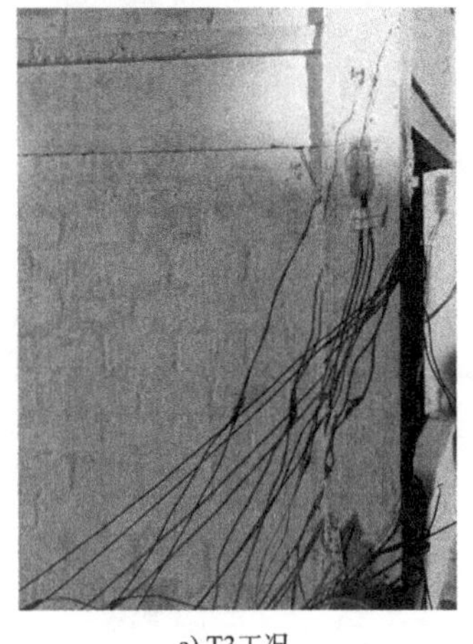
a) T3工况

b) T5工况

c) T6工况

图 3-99　①轴横向填充墙破坏加剧柱端破坏

a) T3工况

b) T4工况

c) T5工况

d) T6工况

图 3-100　③轴横向填充墙破坏加剧柱端破坏

该影响使得柱端在柱根未破坏时即严重破坏甚至侧移失效，整个柱的承重能力及刚度下降，分担的地震力减小，耗能减少，进而造成相邻柱的加速破坏，结构整体耗能下降，损伤分布不均。实际结构中，填充墙的破坏形式多样，该种破坏在实际震害中属于偶然发生。在本试验中，模型产生该种剪切斜裂缝并非引发倒塌的主因。

4）在模型损伤后期，半高填充墙易造成柱两端出铰、完全失效，最终引发倒塌

如果半高填充墙布置不合理，形成短柱，虽在柱底仍对柱根变形起到保护作用，但是增大了整个柱的弯矩和分担的剪力，且在矮墙约束高度更易破坏。半高填充墙约束高度往往是柱中部箍筋非加密区，因此比柱根部更易破坏。

该不利影响使柱容易形成两端出铰，造成承重完全失效，引发结构倒塌。本书试验模型倒塌前，最后失效的①Ⓒ柱即为这种情况。由原型结构的倒塌模式可判断，最后失效柱应为图 3-96 中的②Ⓐ柱，由于其两侧设置了半高填充墙而引发结构倒塌。设置的低矮填充墙不易破坏，将始终对柱的变形产生约束，该构造模式往往是引发倒塌的决定因素。

3.12　本章小结

本章根据漩口中学教学楼原型图纸，设计建造了缩尺比为1:4的3层缩尺模型，介绍了模型的设计、施工、构造措施和材料性能，描述振动台试验方案、加载制度以及试验各工况中的模型宏观破坏情况，而后对漩口中学教学楼模型进行了地震模拟振动台倒塌试验，探究造成汶川地震中原型结构倒塌的关键因素，与原型结构损伤和倒塌模式进行对比，并与他人的纯框架结构试验结果进行对比，分析了二者的不同、填充墙对框架结构破坏模式及抗震性能的影响。进行的工作和结论如下：

（1）按照原型结构设置的横、纵向填充墙使得模型刚度大幅提高，横向提高约6.5倍，纵向提高约2.8倍。增加填充墙使模型扭转频率也大幅升高，不再是主要振动成分。在T1、T2两个小震工况后，模型横、纵向频率随着填充墙的破坏而大幅减小。

（2）模型宏观破坏显示，纵向设置的约1/3柱高的填充墙始终约束了柱的受弯高度，但由于剪跨比，尚未形成短柱条件，造成Ⓐ轴纵向框架柱两端出现弯剪破坏。填充墙在破坏初期先开裂破坏，在小震工况阶段作为首道防线，耗能并保护框架；在破坏中后期，横向填充墙顶部开裂，但整体上仍对框架柱有极大约束，造成框架柱柱顶先出现剪切斜裂缝。综上所述，填充墙加重了模型结构构件的损伤程度。

（3）模型损伤分布很不均匀，沿高度出现底层薄弱现象，严重破坏区域主要集中于底层Ⓐ轴，其中Ⓐ轴两边柱柱顶压溃剥落，中柱两端（填充墙顶部及柱顶截面）出现弯剪破坏。Ⓑ轴柱及Ⓒ轴柱整体损坏较轻，Ⓑ轴边柱柱顶表面出现剪切裂缝但没有继续发展，中柱柱底出现弯曲裂缝。其中，Ⓒ轴柱的柱顶和填充墙高度处出现横向裂缝，整体损伤最轻，这与原型结构震害吻合。

（4）在横向振动作用下，由Ⓐ、Ⓑ、Ⓒ轴纵筋上应变响应（Ⅰ类应变片）可知，Ⓑ轴柱应变远小于两边轴柱的相同部位。这是由于Ⓑ、Ⓒ轴距离较近，共同承担倾覆力矩引起的附加轴力，而Ⓒ轴柱截面面积小，受到的水平剪力引起的柱端弯矩小，由理论计算可知其受到的包含动轴压在内的总轴压小于Ⓐ轴柱，所以横向总体破坏集中在Ⓐ轴柱。

（5）在纵向振动作用下，由Ⓐ、Ⓑ轴相同部位的应变结果（Ⅱ类应变片）对比可知，Ⓐ轴柱柱端和柱中弯矩造成的应变始终显著高于Ⓑ轴柱。破坏后期，Ⓐ轴中柱应变值较之前减小，角柱柱顶在双向地震作用下出现应力集中现象。这是由于Ⓐ轴矮填充墙约束使得柱弯曲高度减小，弯矩增大，抗侧刚度增大，分担更多的水平地震剪力。破坏后期，矮墙约束力降低，且Ⓐ轴角柱的破坏使得整个轴的刚度下降，分担的地震力减小。在试验的6个工况中，Ⓐ轴柱受到的弯矩作用始终最大。

（6）通过柱中上部的斜向应变结果（Ⅲ类应变片）可知，纵向3轴中，Ⓐ轴柱分担的水平地震剪力最大，每个Ⓐ轴柱分担的水平地震剪力比Ⓑ轴柱大10%～20%。这是由于Ⓐ轴设置了低矮填充墙，使得纵向柱弯曲高度减小，抗侧刚度增大；而Ⓒ轴柱截面面积小，分担的水平地震剪力小于其余两轴。这也是Ⓐ轴分担大部分地震剪力且破坏明显严重的决定性因素。在原型结构中，由于每个柱受到的矮墙约束作用更强，这种差异将更加显著。

（7）进行倒塌试验前，模型Ⓐ轴柱严重损坏，部分失效，在倒塌试验第一工况中，结构受到的水平地震剪力、附加轴力和重力在各柱进行重分配，使得①Ⓑ柱、①Ⓒ柱迅速破坏失效，造成底层①轴丧失承重能力、模型连续垮塌。造成倒塌的决定性因素是半高填充墙对Ⓐ轴柱的约束使其刚度增大，延性降低，从而分担大部分地震剪力，受到较大的弯矩作用，因此严重破坏。本章对损伤分布不均引发结构倒塌的原因和最终直接导致结构倒塌的破坏特征进行了细致分析、总结。

（8）模型完全按照原型通过相似设计建造，最终的关键破坏部位、倒塌模式同原型结构震害吻合，可通过倒塌试验结果证实原型结构的设计薄弱因素和倒塌模式。

（9）原型结构的两种填充墙代表了填充墙的两种常见布设方式，通过倒塌试验分析了结构遭受强烈地震作用中后期，该类填充墙与框架的相互影响。

（10）通过与已有纯框架结构试验研究结果的分析对比，总结了布置大量填充墙对框架结构损伤分布模式的影响。

本章参考文献

[1] 黄思凝，郭迅，张敏政，等．钢筋混凝土结构小比例尺模型设计方法及相似性研究[J]．土木工程学报，2012，45(7)：31-38.

[2] 赵作周，管桦，钱稼茹．欠人工质量缩尺振动台试验结构模型设计方法[J]．建筑结构学报，2010，31(7)：78-85.

[3] 中国建筑标准设计研究院．混凝土结构施工图平面整体表示法制图规则和构造详图(03G101-1)[M]．北京：中国计划出版社，2006.

[4] 中国建筑西南设计研究院．框架轻质填充墙构造图集（西南05G701)[Z]．[出版地不详]：[出版者不详]，2005.

[5] SABNIS G M，HARRIS H G，WHITE R N，et al. Structural modeling and experimental techniques[M]. Englewood Cliffs，NJ：Prentice-Hall，1983.

[6] 沈德建，吕西林．模型试验的微粒混凝土力学性能试验研究[J]．土木工程学报，2010，43(10)：14-21.

[7] 中华人民共和国住房和城乡建设部．混凝土物理力学性能试验方法标准：GB/T 50081—2019[S]．北京：中国建筑工业出版社，2019.

[8] 中华人民共和国国家质量监督检验检疫总局．金属材料拉伸试验　第1部分：室温试验方法：GB/T 228.1—2010[S]．北京：中国标准出版社，2019.

[9] 中华人民共和国住房和城乡建设部．砌体基本力学性能试验方法标准：GB/T 50129—2011[S]．北京：中国建筑工业出版社，2011.

[10] 中华人民共和国住房和城乡建设部．混凝土小型空心砌块试验方法：GB/T 4111—1997[S]．北京：中国建筑工业出版社，1997.
[11] 中华人民共和国住房和城乡建设部．建筑砂浆基本性能试验方法：JGJ/T 70—2009[S]．北京：中国建筑工业出版社，2009.
[12] 白国良，薛冯，徐亚洲．青海玉树地震村镇建筑震害分析及减灾措施[J]．西安建筑科技大学学报（自然科学版)，2011，43(3)：309-315.
[13] 付成祥．RC 框架结构典型地震倒塌模式研究[D]．哈尔滨：中国地震局工程力学研究所，2014.
[14] 张敏政．地震模拟试验中相似律应用的若干问题[J]．地震工程与工程振动，1997，17（2)：52-58.
[15] CHOPRA A K，GOEL R K. A modal pushover analysis procedure to estimate seismic demands for unsymmetric-plan buildings [J]． Earthquake Engineering & Structural Dynamics，2004，33(8)：903-927.
[16] 杨伟松，郭迅，许卫晓，等．结构损伤识别中乐音准则的应用及数学表达方法[J]．地震工程与工程振动，2015，35（2)：1-9.
[17] 杨伟松．典型结构模态精确测试及损伤识别方法研究[D]．哈尔滨：中国地震局工程力学研究所，2012.
[18] 刘钊，王秋生．材料力学[M]．哈尔滨：哈尔滨工业大学出版社，2008：153-157.
[19] 许卫晓．阶梯墙框架结构抗震性能及设计方法研究[D]．哈尔滨：中国地震局工程力学研究所，2014.

第4章

外廊式填充墙框架结构刚度平衡设计方法

4.1 引　　言

由实际震害及相关研究可知，填充墙的存在对框架结构地震失效机理有很大的影响：填充墙对柱的约束作用会对外廊式框架结构的倒塌模式产生较大影响，半高填充墙的存在使得外廊式框架结构各榀刚度分布不均匀。本章整理了满布填充墙与半高填充墙弹性抗侧刚度计算公式，通过收集的29片满布填充墙和7片半高填充墙的抗侧刚度试验值，与公式计算结果进行比较分析，验证了公式的合理性；基于试验数据及填充墙弹性抗侧刚度计算公式，拟合得到屈服阶段和承载力峰值阶段满布填充墙和半高填充墙抗侧刚度计算公式；通过增设翼墙的方法，实现外廊式框架结构各榀刚度分布均匀化；采用公式计算得到弹性阶段外廊式框架结构刚度平衡所需增设翼墙的尺寸，并通过Pushover分析，确定外廊式框架结构中填充墙在屈服阶段和承载力峰值阶段刚度平衡所需翼墙尺寸，为后续基于增量动力分析的抗震性能评估提供依据。

4.2 满布填充墙抗侧刚度计算方法

4.2.1 满布填充墙弹性抗侧刚度计算方法

多位学者对带有填充墙的钢筋混凝土框架结构进行试验研究，给出了不同的满布填充墙弹性抗侧刚度计算方法。吴绮芸[1]等采用材料力学计算组合板的方法对整体填充墙框架结构的抗侧刚度进行计算。童岳生[2]等将框架与砖墙刚度相叠加，进行计算与分析。曹万林[3]等进行了含有轻质填充墙钢筋混凝土框架的试验，提出了框架与墙体并联的模型，即将填充墙视作弹性板，其柔度为填充墙在单位水平荷载下的剪切变形和弯曲变形相加，采用叠加法计算整体结构的抗侧刚度，其抗侧刚度计算公式与童岳生等所提公式类似。关国雄[4]等的计算方法与吴绮芸类似，将框架和填充墙看作一个整体，考虑了弯曲变形和剪切变形的影响，使用墙体变形模量降低因子和侧移刚度贡献系数调整带填充墙框架的抗侧刚度。黄群贤[5]等的抗侧刚度计算方法与童岳生类似，依旧采用叠加法进行计算，考虑了墙框的边界条件和填充墙参与的影响。各学者的满布填充墙弹性抗侧刚度计算公式见表4-1。

满布填充墙弹性抗侧刚度计算公式 表 4-1

来　源	计算公式	
吴绮芸等[1]	$K_W=\dfrac{1}{\dfrac{2.35H_W}{E_WA_W}\left(\dfrac{1}{1-w}+\dfrac{1.1A_WH_W^2}{7I_z}\right)}-K_C$	(4-1)
关国雄等[4]	$K_W=\dfrac{\eta}{\dfrac{H^3}{3E_WI_e}+\dfrac{kH_W}{G_WA_e}}-K_C$ $A_e=A_W+2\alpha_cA_C\dfrac{G_C}{G_W}$ $I_e=I_W+2\alpha_c\dfrac{E_C}{E_W}\left(I_C+0.25A_CL^2\right)$	(4-2)
曹万林等[3]	$K_W=\dfrac{1}{\dfrac{3H_W}{E_WA_W}+\dfrac{H_W^3}{3E_WI_W}}$	(4-3)
童岳生等[2]	$K_W=\dfrac{1}{\dfrac{1.2H_W}{0.4E_WA_W}\gamma+\dfrac{H_W^3}{3E_WI_W}\beta}$	(4-4)
黄群贤等[5]	$K_W=\dfrac{\alpha}{\dfrac{3H_W}{E_WA_W}+\dfrac{H_W^3}{3E_WI_W}}$ $\alpha=1.38-0.38/n$	(4-5)

表中：K_W——半高填充墙框架的抗侧刚度；

K_C——纯钢筋混凝土框架的抗侧刚度；

H_W——填充墙高度；

A_W——填充墙顶部截面面积；

w——开洞影响系数，填充墙无洞口时 $w=0$；

I_z——组合板截面惯性矩；

η——填充墙变形模量降低因子，弹性状态时取 1；

H——钢筋混凝土框架高度；

E_W——填充墙砌体的弹性模量；

I_e——带填充墙框架水平截面的有效惯性矩；

k——填充墙剪切系数；

G_W——填充墙砌体的剪切模量；

A_e——带填充墙框架的水平截面有效面积；

α_C——侧移刚度贡献系数，框架和填充墙接触良好时取 1，有间隙时取 0；

A_C——钢筋混凝土框架柱截面面积；

G_C——框架材料的剪切模量；

I_W——填充墙截面的惯性矩；

E_C——钢筋混凝土框架材料的弹性模量；

I_C——框架柱截面的惯性矩；

L——框架跨度；

β、γ——考虑洞口影响的系数；

α——考虑填充墙与框架的边界条件以及填充墙参与程度的刚度折减系数，$\alpha \leqslant 1$；

n——高宽比。

4.2.2 既有试验数据综述

为了验证公式的合理性，收集了国内外关于填充墙框架结构的拟静力试验数据。所收集的试验数据有以下特点：

（1）所选试验均为拟静力试验。

（2）所选满布填充墙框架试件连接方式为刚性连接。

（3）所选试验均有空框架作为对比试件。

（4）所选试验现象描述清晰，数据完整。

林超[6]等制作了5榀框架试件，4榀为不同砌体材料的框架试件，1榀为空框架，作为对比试件。

黄群贤[7]等制作的4榀试验试件中，包括1榀空框架试件、2榀不同砌体材料的框架试件以及1榀高宽比不同的试件。唐兴荣[8]等制作了5榀单层单跨砌体填充墙框架，包括1榀框架与砌体柔性连接试件、2榀竖向缝槽填充墙框架结构、1榀满布填充墙框架试件和1榀空框架对比试件。周晓洁[9]等设计制作了5榀单层单跨钢筋混凝土填充墙框架试件，其中1榀为整体砌体填充墙框架结构试件，1榀为半高砌体填充墙框架结构试件，1榀为空框架。李建辉[10]等设计了10个足尺填充墙钢筋混凝土框架试件，其中1榀为普通构造的填充墙框架结构，5榀采用柔性连接，3榀采用与柱脱开的构造方式，1榀为空框架试件。廖桥[11]等制作了3榀填充墙框架，其中1榀为框架与空心砖砌体刚性连接试件，1榀为框架与空心砖砌体柔性连接试件。选取并收集以上试验共11榀满布填充墙框架试件的抗侧刚度试验数据。

薛建阳[12]等制作了4个单层单跨填充墙框架试件，包括1个纯框架作为对比试件、1个满布填充墙框架、1个半高填充墙砌框架、1个宽高比为2.2的满布填充墙框架。吴方伯[13]等制作了4个填充墙框架试件，包括1个空框架和3个不同墙框连接的试件。苏启旺[14]等制作了3个单层单跨填充墙钢筋混凝土框架试件，包括1个满布空心砖填充墙钢筋混凝土框架、1个带门窗洞的空心砖填充墙钢筋混凝土框架。蒋欢军[15]等制作了7个框架试件，包括6个填充墙框架试件和1个空框架试件，填充墙与框架的连接方式采用柔性连接和刚性连接。滕瀚思[16]等设计并制作了6榀1∶3比例缩尺试件，包括1榀空框架试件、5榀填充墙-现浇钢筋混凝土框架。收集了以上试验共7个满布填充墙框架试件的抗侧刚度实测值。

国外学者也开展了众多带填充墙钢筋混凝土框架结构的拟静力试验研究。Ali M[17]等设计并制作了6榀1∶2比例缩尺试件，包括1榀空框架试件、1榀满布填充墙钢筋混凝土框架试件、2榀中心不同尺寸窗孔的填充墙框架试件、1榀偏心窗孔试件和1榀偏心开门试件。Kakaletsis D J[18]等设计制作了7个缩尺比为1∶3的框架试件，试件砌块采用黏土砖和陶瓷砖，包括 1 榀空框架、2 榀满布填充墙框架试件、2 榀含窗洞填充墙的框架试件、2 榀含门洞填充墙框架试件。Anil O[19] 等制作了 9 个试样，缩尺比为 1∶3，所有试件框架的几何尺寸和配筋选择均相同；试件 1 为空框架；试件 2、3 为整体试件，填充件与框架一起浇筑；试件 4、5 和 6 的填充构造类似于翼墙，连接到框架的梁和柱；试件 7 有 2 个 487.5mm×750mm 的对称翼墙，翼墙分别连接试件的梁和柱；试件 8 的填充墙仅与框架梁相连，布置在跨中；试样 9 为填充墙开窗洞的框架试件。Stavridis[20] 等制作了 9 个缩尺比为 1∶2 的试件进行拟静力试验分析，其中 1 榀为空框架，8 榀为不同构造的框架填充墙试件。Mehrabi[21] 等制作了 14 个试样进行拟静力试验，缩尺比为 1∶2，填充墙试件分别采用空心砌块和实心混凝土砌块。Al-Chaar G[22] 等制作了 5 个缩尺比为 1∶2 的框架试件，包括 1 榀空框架、2 榀单层单跨混凝土砌块填充框架、1 榀单层两跨混凝土砌块填充框架、1 榀单层三跨砖填充框架。收集到的满布填充墙钢筋混凝土框架试件主要参数见表 4-2。

满布填充墙钢筋混凝土框架试件主要参数　　表 4-2

来源	框架高度（mm）	框架跨度（mm）	梁截面高（mm）	梁截面宽（mm）	柱截面高（mm）	柱截面宽（mm）	墙高（mm）	墙宽（mm）	墙厚（mm）	填充墙高宽比
林超[6]	2800	3700	350	200	350	350	2450	3350	170	1∶1.37
	2800	3700	350	200	350	350	2450	3350	175	1∶1.37
	2800	3700	350	200	350	350	2450	3350	190	1∶1.37
	2800	3700	350	200	350	350	2450	3350	200	1∶1.37
黄群贤[7]	1375	2000	250	200	250	250	1250	1750	120	1∶1.40
	1375	2000	250	200	250	250	1250	1750	180	1∶1.40
	1375	2750	250	200	250	250	1250	2500	180	1∶2.00
唐兴荣[8]	1200	2200	200	150	200	200	1000	1800	200	1∶1.80
周晓洁[9]	1380	2660	300	250	300	300	1230	2060	190	1∶1.67
李建辉[10]	3200	4400	400	400	400	400	3000	3600	250	1∶1.20
廖桥[11]	1850	2300	300	150	200	200	1550	1900	100	1∶1.23
薛建阳[12]	1320	2430	180	240	240	150	1200	2040	180	1∶1.70
	1320	3030	180	240	240	150	1200	2640	180	1∶2.20
苏启旺[14]	3450	4300	450	200	400	400	3000	3500	200	1∶1.17
蒋欢军[15]	3175	6340	450	250	400	400	2725	5240	200	1∶1.92
滕瀚思[16]	1480	1800	200	200	200	200	1280	1400	190	1∶1.10
	1480	1900	200	200	200	200	1280	1500	190	1∶1.17
Anil O[19]	1050	1600	300	150	150	100	750	1300	120	1∶1.73
	1050	1600	300	150	150	100	750	1300	120	1∶1.73
吴方伯[13]	3000	3300	240	240	300	300	2760	2700	190	1∶0.98
Ali M[17]	1450	2500	150	200	200	200	1300	2100	106	1∶1.62
Kakaletsis[18]	1000	1500	200	100	150	150	800	1200	60	1∶1.50
	1000	1500	200	100	150	150	800	1200	52	1∶1.50

续上表

来　　源	框架高度(mm)	框架跨度(mm)	梁截面高(mm)	梁截面宽(mm)	柱截面高(mm)	柱截面宽(mm)	墙高(mm)	墙宽(mm)	墙厚(mm)	填充墙高宽比
Mehrabi[21]	1651	2337	229	152	178	178	1422	2032	92	1∶1.43
	1651	2337	229	152	203	203	1422	2032	92	1∶1.43
Stavridis[20]	1570	2312	229	152	178	178	1341	2088	92	1∶1.56
	1570	2312	229	152	178	178	1341	2088	92	1∶1.56
Al-Chaar[22]	1524	2032	197	127	127	203	1327	1829	60	1∶1.38
	1524	2032	197	127	127	203	1327	1829	52	1∶1.38

收集了以上文献中的29片填充墙抗侧刚度实测值，用同一时刻的满布填充墙框架结构抗侧刚度实测值减去空框架结构抗侧刚度实测值，得到填充墙墙片的抗侧刚度。以此方法收集了满布填充墙墙片在弹性阶段、屈服阶段、承载力峰值阶段和破坏阶段的抗侧刚度实测值，见表4-3。

满布填充墙不同阶段抗侧刚度实测值　　表4-3

来　　源	弹性阶段抗侧刚度(kN/mm)	屈服阶段抗侧刚度(kN/mm)	承载力峰值阶段抗侧刚度(kN/mm)	破坏阶段抗侧刚度(kN/mm)
林超[6]	41.3	35.7	14.3	5.5
	57.8	34.9	19.2	4.2
	43.6	23.1	12.7	5.2
	32.2	18.7	7.7	2.8
黄群贤[7]	28.3	17.2	6.1	1.5
	42.5	9.4	6.8	1.5
	45.4	16.5	20.1	4.1
唐兴荣[8]	78.2	16.5	4.4	1.0
周晓洁[9]	98.7	16.5	4.4	1.0
李建辉[10]	85.3	52.5	6.9	3.7
廖桥[11]	57.0	15.6	3.2	0.8
薛建阳[12]	161.0	95.1	28.1	7.1
	119.2	59.2	24.1	9.2
苏启旺[14]	72.3	38.2	9.2	2.1
蒋欢军[15]	61.1	18.4	7.9	3.1
滕瀚思[16]	71.4	27.0	10.3	1.9
	50.9	16.2	5.4	0.4
Anil O[19]	208.3	102.3	46.2	13.4
	155.1	73.2	33.1	14.6

续上表

来　源	弹性阶段抗侧刚度（kN/mm）	屈服阶段抗侧刚度（kN/mm）	承载力峰值阶段抗侧刚度（kN/mm）	破坏阶段抗侧刚度（kN/mm）
吴方伯[13]	11.1	0.7	0.4	0.1
Ali M[17]	20.3	4.9	0.8	0.4
Kakaletsis[18]	11.4	4.5	0.8	0.2
	13.5	5.2	1.1	0.4
Mehrabi[21]	78.9	16.4	11.2	1.2
	98.3	27.6	8.4	0.6
Stavridis[20]	68.3	13.2	8.8	1.0
	84.7	19.6	6.3	0.8
Al-Chaar[22]	91.8	27.0	10.3	1.9
	67.8	16.2	5.4	0.4

4.2.3　满布填充墙弹性抗侧刚度公式验证

采用收集的 29 片填充墙弹性抗侧刚度实测值，验证不同学者所提出的抗侧刚度计算公式，并从中选取最合理的计算公式。表 4-4 和图 4-1 为采用不同公式得到的满布填充墙抗侧刚度计算值与实测值之比，公式（4-1）~公式（4-5）的抗侧刚度计算值与实测值的比值均值在 1.10 ~1.67，标准差在 0.33 ~0.53（图 4-2）。由于所收集的墙片数据均来自满布填充墙，没有开洞的情况，公式（4-3）与公式（4-4）计算结果相同，抗侧刚度计算值与实测值比值的均值为 1.26，标准差为 0.34。公式（4-5）所得均值最小，为 1.10，标准差为 0.33，表明由其计算得到的抗侧刚度计算值同实测值最为接近。因此，选用公式（4-5）作为本书的满布填充墙弹性抗侧刚度计算公式。

满布填充墙抗侧刚度计算值与实测值之比　　表 4-4

来　源	公式（4-1）	公式（4-2）	公式（4-3）	公式（4-4）	公式（4-5）
林超[6]	1.60	2.25	1.59	1.59	1.37
	1.56	1.96	1.55	1.55	1.33
	1.07	1.83	1.06	1.06	0.91
	1.13	1.60	1.12	1.12	0.97
黄群贤[7]	1.79	2.19	1.78	1.78	1.51
	2.05	2.70	2.03	2.03	1.73
	1.72	1.38	1.61	1.61	1.80
唐兴荣[8]	1.39	1.56	1.41	1.41	0.98
周晓洁[9]	1.05	1.24	1.05	1.05	0.78
李建辉[10]	0.72	1.63	0.71	0.71	0.66

续上表

来　源	公式（4-1）	公式（4-2）	公式（4-3）	公式（4-4）	公式（4-5）
廖桥[11]	0.85	0.82	0.84	0.84	0.77
薛建阳[12]	1.28	1.32	1.29	1.29	0.95
	1.37	1.37	1.41	1.41	0.77
苏启旺[14]	1.00	1.52	0.98	0.98	0.92
蒋欢军[15]	1.23	1.42	1.25	1.25	0.81
滕瀚思[16]	1.06	2.85	1.04	1.04	1.00
	1.13	2.97	1.11	1.11	1.03
Anil O[19]	1.02	1.61	1.03	1.03	0.74
	1.12	1.45	1.13	1.13	0.81
吴方伯[13]	1.87	1.20	1.48	1.48	1.28
Ali M[17]	1.88	2.08	1.90	1.90	1.48
Kakaletsis[18]	1.80	2.20	1.79	1.79	1.69
	1.30	1.52	1.30	1.30	1.49
Mehrabi[21]	0.89	1.21	0.88	0.88	0.94
	0.77	1.38	0.77	0.77	0.94
Stavridis[20]	1.05	1.32	1.05	1.05	0.83
	0.91	1.47	0.92	0.92	0.92
Al-Chaar[22]	1.21	1.33	1.21	1.21	1.18
	1.25	1.12	1.25	1.25	1.21
均值	1.28	1.67	1.26	1.26	1.10
最大值	2.05	2.97	2.03	2.03	1.80
最小值	0.72	0.82	0.71	0.71	0.74
标准差	0.36	0.53	0.34	0.34	0.33

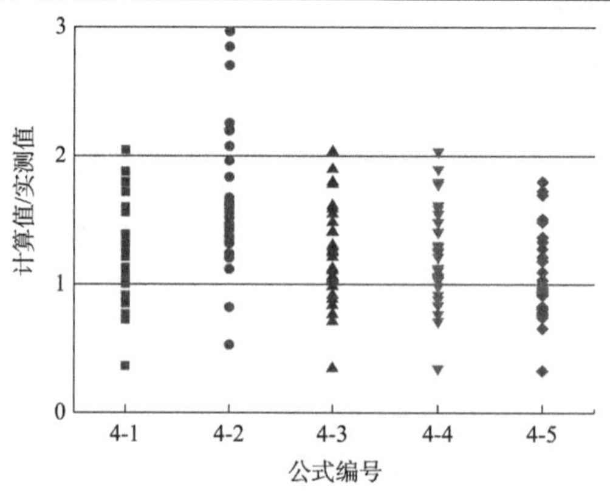

图 4-1　采用不同公式得到的满布填充墙抗侧刚度计算值与实测值之比

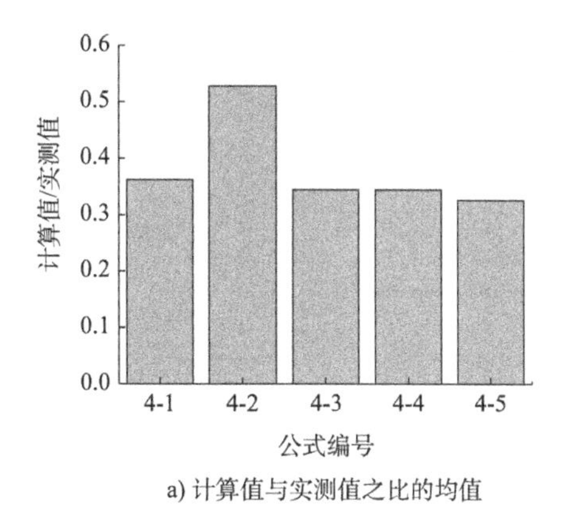

a) 计算值与实测值之比的均值

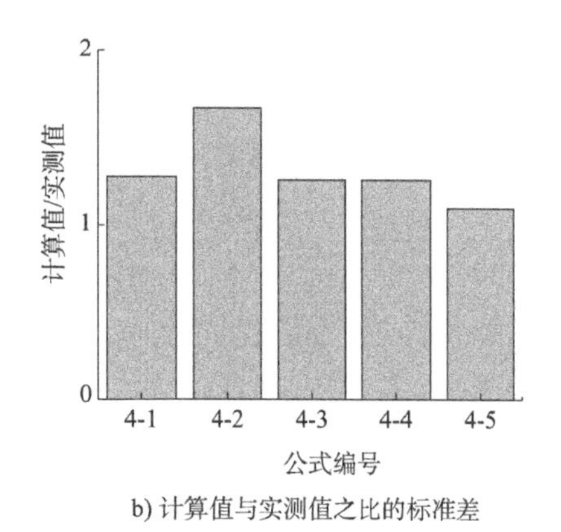

b) 计算值与实测值之比的标准差

图 4-2　采用不同公式得到的满布填充墙抗侧刚度计算值与实测值之比的均值与标准差

4.2.4　满布填充墙弹塑性抗侧刚度分阶段公式拟合

目前的研究多考虑弹性阶段填充墙对框架抗侧刚度的影响，而由第 3 章可知，在弹塑性阶段，填充墙对框架也有较大的影响。为建立弹塑性阶段填充墙抗侧刚度计算公式，利用收集到的 29 片满布填充墙的试验结果进行屈服阶段和承载力峰值阶段的公式拟合。由于试件达到破坏阶段后，填充墙提供的抗侧刚度已很有限，故对破坏阶段不进行公式拟合。结合公式（4-5）和表 4-3，建立满布填充墙屈服阶段抗侧刚度回归模型：

$$K_y = \beta_1 K_W^2 + \alpha_1 K_W + \gamma_1 \tag{4-6}$$

式中：K_y——满布填充墙屈服阶段抗侧刚度；

K_W——满布填充墙弹性抗侧刚度。

对式（4-6）进行拟合回归，可得到 $\beta_1 = 0.005$、$\alpha_1 = -0.179$、$\gamma_1 = 12.928$。回归公式如下：

$$K_y = 0.005 K_W{}^2 - 0.179 K_W + 12.928 \tag{4-7}$$

主要通过判别系数（R^2）衡量回归公式的优劣。判别系数越接近 1，表明回归公式的相关性越好，公式更可信。拟合回归分析表见表 4-5，得到的满布填充墙屈服阶段抗侧刚度计算公式的判别系数为 0.835，表明公式的相关性较好（图 4-3）。

回归分析计算表　　表 4-5

方程	$K_y = \gamma_1 + \alpha_1 K_w + \beta_1 K_w^2$	β_1	0.005
权重	不加权	残差平方和	4464.285
γ_1	12.928	R^2	0.854
α_1	−0.179	调整后 R^2	0.835

对于承载力峰值阶段，采用同样的回归模型：

$$K_{max} = \beta_2 K_W^2 + \alpha_2 K_W + \gamma_2 \tag{4-8}$$

式中：K_{max}——满布填充墙承载力峰值阶段抗侧刚度；

K_W——满布填充墙弹性抗侧刚度。

对式（4-8）进行拟合回归，分析计算表见表4-6，可得 $\beta_2 = 0.002$、$\alpha_2 = -0.012$、$\gamma_2 = 2.813$。拟合得到的满布填充墙承载力峰值阶段抗侧刚度计算公式的判别系数为0.802，表明公式的相关性较好（图4-4）。回归公式如下：

$$K_{\max} = 0.002K_{\mathrm{W}}^2 - 0.012K_{\mathrm{W}} + 2.813 \tag{4-9}$$

回归分析计算表 表4-6

方程	$K_{\max} = \gamma_2 + \alpha_2 K_{\mathrm{w}} + \beta_2 K_{\mathrm{w}}^2$	β_2	0.002
权重	不加权	残差平方和	890.409
γ_2	2.813	R^2	0.813
α_2	-0.012	调整后 R^2	0.802

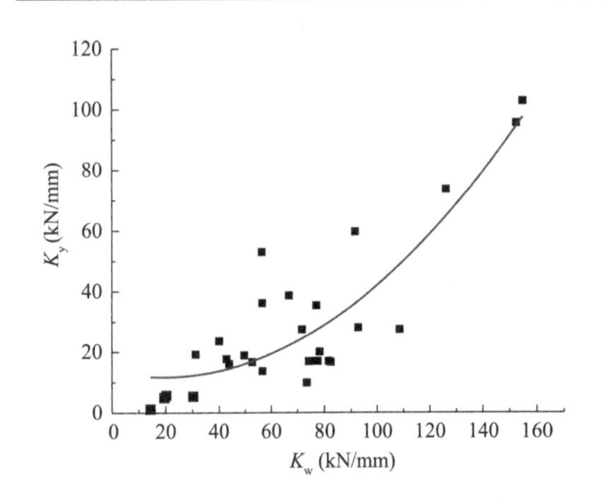

图4-3 满布填充墙屈服阶段抗侧刚度拟合

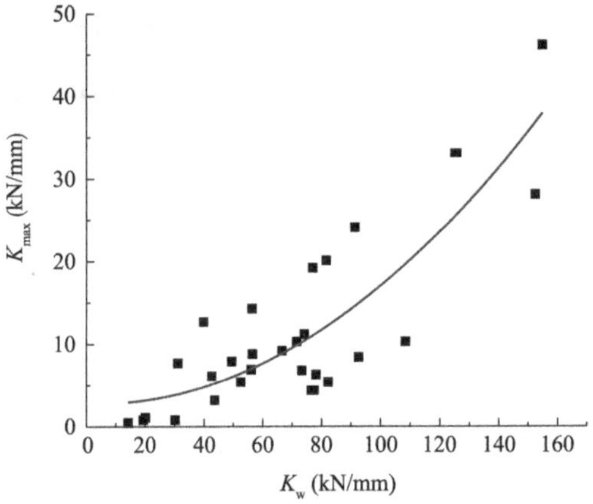

图4-4 满布填充墙承载力峰值阶段抗侧刚度拟合

4.3 半高填充墙抗侧刚度计算方法

4.3.1 半高填充墙弹性抗侧刚度计算方法

多位学者对半高填充墙弹性抗侧刚度计算方法进行了研究与分析。童岳生[2]等考虑了洞口影响系数，采用刚度叠加的方法对半高填充墙的刚度计算公式进行了分析与研究。黄群贤[5]等采用叠加法的原理进行抗侧刚度计算，因其考虑了高宽比的影响，其公式也适用于半高填充墙。郝伟杰[23]采用叠加法的形式进行抗侧刚度计算，并且考虑了填充墙位置及高度对抗侧刚度计算公式的影响。各学者所提出的半高填充墙弹性抗侧刚度计算公式见表4-7。

半高填充墙弹性抗侧刚度计算公式 表4-7

来　源	抗侧刚度计算公式
童岳生等[2]	$K_{\mathrm{Wb}} = \dfrac{1}{\dfrac{1.2H_{\mathrm{W}}}{0.4E_{\mathrm{W}}A_{\mathrm{W}}}\gamma + \dfrac{H_{\mathrm{W}}^3}{3E_{\mathrm{W}}I_{\mathrm{W}}}\beta}$ （4-10）

续上表

来　源	抗侧刚度计算公式
黄群贤等[5]	$$K_{Wb}=\frac{\alpha}{\frac{3H_W}{E_WA_W}+\frac{H_W^3}{3E_WI_W}}$$ $\alpha=1.38-0.38/n$ (4-11)
郝伟杰[23]	$$K_{Wb}=\frac{3\psi_kE_wI_w}{H_w^3(\psi_m+\gamma\psi_v)}$$ $$\gamma=\frac{9I_w}{A_wH_w^2}$$ $$\psi_m=\left(\frac{h}{H_W}\right)^3\left(1-\frac{I_W}{I_W^b}\right)+\frac{I_W}{I_W^b}$$ $$\psi_v=\left(1+\frac{A_W}{A_W^b}\right)\left(\frac{h}{H_W}\right)+\frac{A_W}{A_W^b}$$ (4-12)

表中：K_{Wb}——半高填充墙抗侧刚度；

H_W——填充墙高度；

E_W——填充墙砌体的弹性模量；

A_W——填充墙顶部截面面积；

β、γ——考虑洞口影响的系数，填充墙无洞口时$\beta=\gamma=1$；

α——考虑填充墙与框架的边界条件以及填充墙参与程度的刚度折减系数，$\alpha\leqslant1$；

n——高宽比；

ψ_k——位置折减系数；

I_W——填充墙截面的惯性矩；

ψ_m、ψ_v——洞口影响系数；

h——框架高度。

4.3.2　既有试验数据综述

收集国内外关于半高填充墙框架结构的试验，验证收集的半高填充墙弹性抗侧刚度计算公式的合理性，从中选择最合理的公式作为本书的半高填充墙弹性抗侧刚度计算公式。所收集的试验数据有以下特点：

（1）所选试验均为拟静力试验。

（2）所选半高填充墙框架试件连接方式为刚性连接。

（3）所选试验均有空框架作为对比试件。

（4）所选试验现象描述清晰，数据完整。

周晓洁[9]设计制作了5榀框架模型试件，其中2榀为半高填充墙框架试件，1榀空框架试件为对比试件。薛建阳[12]等制作了1榀半高填砌试件，1个空框架作对比试件。吴方伯[13]的试验中包含1个半高填充墙框架试件和1个空框架试件。Ali M[17]等设计并制作了6榀缩尺比为1:2的缩尺试件，其中包括2榀半高填充墙的框架填充试件，填充墙砌块选用实心黏土砖。金焕[24]等设计制作了4榀框架试件模型，包括1榀半高填充墙框架试件模型，1榀空框架试件作为对比。选取并收集以上试验共7片半高填充墙抗侧刚度实测值。半高填充墙钢筋混凝土框架试件主要参数见表4-8。半高填充墙不同阶段抗侧刚度实测值见表4-9。

半高填充墙钢筋混凝土框架试件主要参数 表4-8

来源	框架高度（mm）	框架跨度（mm）	梁截面高（mm）	梁截面宽（mm）	柱截面高（mm）	柱截面宽（mm）	墙高（mm）	墙宽（mm）	墙厚（mm）	填充墙高宽比
周晓洁[9]	1380	2660	300	250	300	300	615	2060	190	1:3.35
	1320	2430	180	240	240	150	600	2040	180	1:3.40
薛建阳[12]	1320	3030	180	240	240	150	600	2640	180	1:4.40
吴方伯[13]	3000	3300	240	240	300	300	1200	2700	190	1:2.25
Ali M[17]	1450	2500	150	200	200	200	550	2100	106	1:3.82
	1450	2500	150	200	200	200	400	2100	106	1:5.25
金焕[24]	2025	4200	350	125	200	200	812.5	4000	120	1:4.92

半高填充墙不同阶段抗侧刚度实测值 表4-9

来　源	弹性阶段抗侧刚度（kN/mm）	屈服阶段抗侧刚度（kN/mm）	承载力峰值阶段抗侧刚度（kN/mm）	破坏阶段抗侧刚度（kN/mm）
周晓洁[9]	35.5	18.2	2.8	0.6
	31.1	9.6	2.5	0.3
薛建阳[12]	24.4	3.5	2.1	0.4
吴方伯[13]	20.9	3.6	0.8	0.4
Ali M[17]	7.6	3.9	1.6	0.1
	6.8	3.6	1.4	0.1
金焕[24]	26.4	17.6	2.9	0.3

4.3.3 半高填充墙弹性抗侧刚度公式验证

结合表4-7～表4-9的数据，验证不同学者所提出的计算公式，选取最合理的公式作为本书半高填充墙弹性抗侧刚度计算公式。不同公式得到的半高填充墙弹性抗侧刚度计算值与试验实测值之比见表4-10，不同公式的计算值与实测值之比的均值与标准差柱形图见图4-5。由表4-10和图4-5、图4-6可得，公式（4-10）、公式（4-11）、公式（4-12）中抗侧刚度计算值与实测值之比的均值在1.19～1.48，标准差在0.16～0.50。郝伟杰所建议的式（4-12）的计算结果均值最小，为1.08，标准差为0.16，表明由其计算得到的抗侧刚度计算值和实测值最为接近；这是由于公式（4-12）综合考虑了填充墙位置和高度对框架结构的刚度影响。因此，选用式（4-12）作为本书的半高填充墙弹性抗侧刚度计算公式。

半高填充墙弹性抗侧刚度计算值与实测值之比　　表 4-10

来　源	公式（4-10）	公式（4-11）	公式（4-12）
周晓洁[9]	1.27	1.14	1.11
	1.25	1.55	1.08
薛建阳[12]	2.30	2.42	1.32
吴方伯[13]	1.08	1.24	1.17
Ali M[17]	1.27	0.90	1.03
	1.49	1.16	1.12
金焕[24]	1.69	1.32	1.49
均值	1.48	1.39	1.19
最大值	2.30	2.42	1.49
最小值	1.08	0.90	1.08
标准差	0.41	0.50	0.16

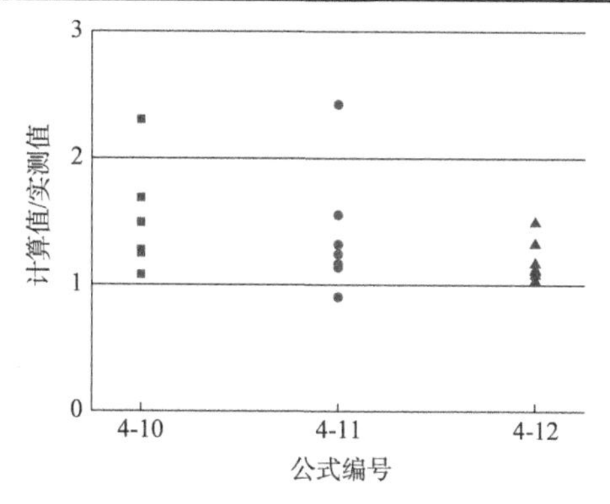

图 4-5　采用不同公式得到的半高填充墙弹性抗侧刚度计算值与实测值之比

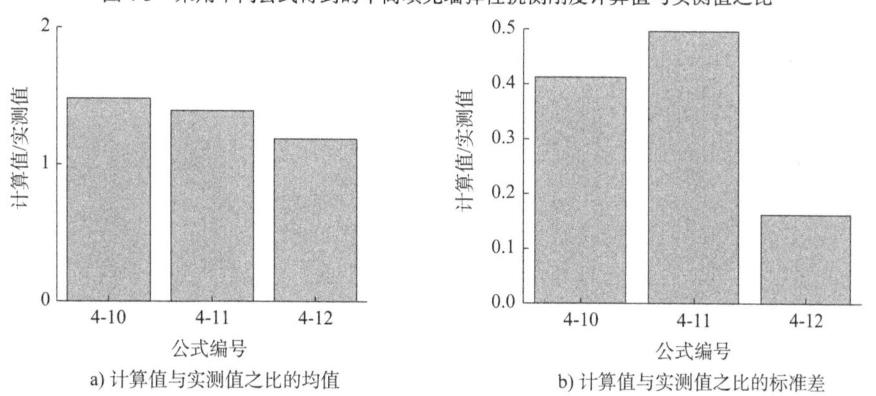

图 4-6　采用不同公式得到的半高填充墙弹性抗侧刚度计算值与实测值之比的均值与标准差

4.3.4　半高填充墙弹塑性抗侧刚度分阶段公式拟合

利用收集到的 7 片半高填充墙的试验结果进行屈服阶段和承载力峰值阶段的抗侧刚度

计算公式拟合。结合公式（4-12）和表4-9，建立半高填充墙屈服阶段抗侧刚度回归模型：

$$K_{yb}=\beta_3 K_{Wb}^2+\alpha_3 K_{Wb}+\gamma_3 \tag{4-13}$$

式中：K_{yb}——半高填充墙屈服阶段抗侧刚度；

K_{Wb}——半高填充墙弹性抗侧刚度。

对式（4-13）进行拟合回归，回归分析计算表见表4-11，可得$\beta_3=0.096$、$\alpha_3=-5.179$、$\gamma_3=72.548$。拟合得到的半高填充墙屈服阶段抗侧刚度计算公式的判别系数为0.938，表明公式的相关性较好（图4-7）。拟合公式如下：

$$K_{yb}=0.096K_{Wb}{}^2-5.179K_{Wb}+72.548 \tag{4-14}$$

回归分析计算表 表4-11

方程	$K_{yb}=\gamma_3+\alpha_3 K_{wb}+\beta_3 K_{wb}{}^2$	β_3	0.096
权重	不加权	残差平方和	11.321
γ_3	72.548	R^2	0.958
α_3	−5.179	调整后R^2	0.938

半高填充墙承载力峰值阶段抗侧刚度回归模型为：

$$K_{maxb}=\alpha_4 K_{Wb}+\gamma_4 \tag{4-15}$$

式中：K_{maxb}——半高填充墙承载力峰值阶段抗侧刚度；

K_{Wb}——半高填充墙弹性抗侧刚度。

对式（4-15）进行拟合回归，分析计算表见表4-12，得到$\alpha_4=0.137$、$\gamma_4=-2.428$。回归得到的半高填充墙承载力峰值阶段抗侧刚度计算公式的判别系数为0.916，表明公式的相关性较好（图4-8）。回归公式如下：

$$K_{maxb}=0.137K_{Wb}+2.428 \tag{4-16}$$

回归分析计算表 表4-12

方程	$K_{maxb}=\gamma_4+\alpha_4 K_{wb}$	残差平方和	0.258
权重	不加权	R^2	0.930
γ_4	−2.428	调整后R^2	0.916
α_2	0.137		

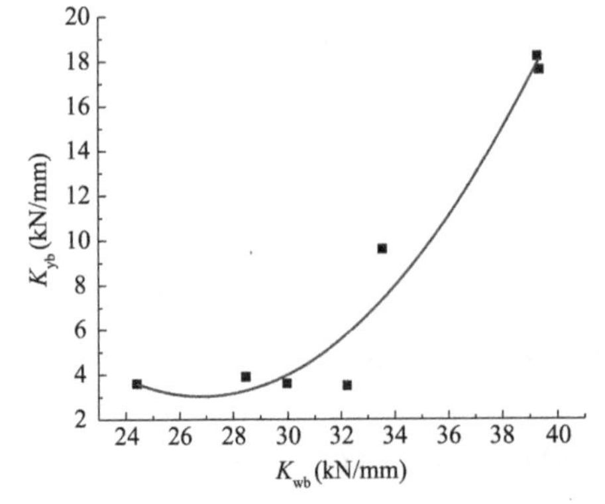

图4-7 半高填充墙屈服阶段抗侧刚度拟合

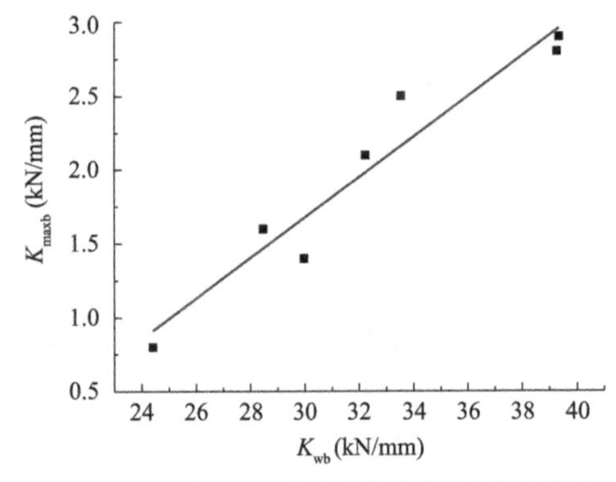

图4-8 半高填充墙承载力峰值阶段抗侧刚度拟合

4.4　基于刚度平衡方法的翼墙设计

4.4.1　翼墙抗侧刚度计算公式

翼墙最早应用于大坝等水利工程[25]，通过在框架柱不同侧附加钢筋混凝土剪力墙来实现整体结构的抗震加固。翼墙可以提高框架结构的抗侧刚度，且翼墙布置灵活，施工方便，对于既有结构的加固具有较好的经济效益。翼墙加固框架柱主要有一字形、L 形、T 形等，如图 4-9 所示。本书对外廊式框架结构采用增设一字形翼墙的抗震加固方法，实现楼层内各榀框架刚度均匀化。当墙肢截面高度与厚度比值不大于 4 时，翼墙抗侧刚度可按框架柱的计算公式计算，见式（4-17）。

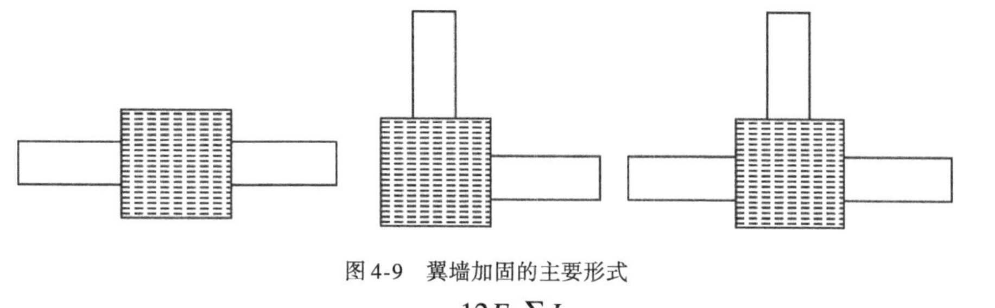

图 4-9　翼墙加固的主要形式

$$K_g = \frac{12E_g \sum I_g}{L_g^3} \tag{4-17}$$

式中：K_g——翼墙的抗侧刚度；

I_g——翼墙的惯性矩；

E_g——填充墙砌体的弹性模量；

L_g——翼墙高度。

4.4.2　基于弹性阶段刚度平衡的翼墙设计

以漩口中学教学楼 A 为参考原型。原型结构共 5 层，设防烈度为Ⅶ度，设计基本加速度为 0.1g，抗震设防类别为丙类，设计使用年限为 50 年。由第 3 章可知，半高填充墙对柱的约束作用是外廊式框架结构倒塌的关键因素。原型结构中，由于纵向半高填充墙对柱的约束，使得Ⓒ轴的刚度比Ⓐ、Ⓑ轴大。为了使楼层内各榀框架刚度平衡，在Ⓐ、Ⓑ轴增设翼墙，使Ⓐ、Ⓑ、Ⓒ轴的纵向抗侧刚度平衡。设计参数为：第 1 层层高为 4050mm，第 2 ~ 5 层层高为 3600mm，跨度为 4500mm，框架梁与框架柱的混凝土强度等级为 C30；Ⓐ、Ⓑ轴线框架柱的截面尺寸为 400mm × 400mm，Ⓒ轴线框架柱的截面尺寸为 360mm × 360mm；梁截面尺寸分别为 250mm × 350mm、250mm × 600m、200mm × 350mm 和 250mm × 400mm，梁、柱纵筋采用 HRB335，楼板和箍筋采用 HPB235，混凝土的弹性模量取 3.0 × 10^4N/mm。砌体填充墙的厚度为 240mm，高度为 900mm。原型结构底层平面图、主要截面尺寸及配筋见图 4-10。

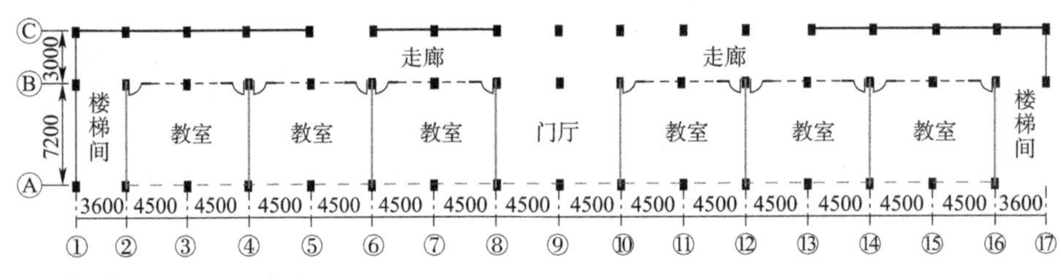

a) 底层平面图

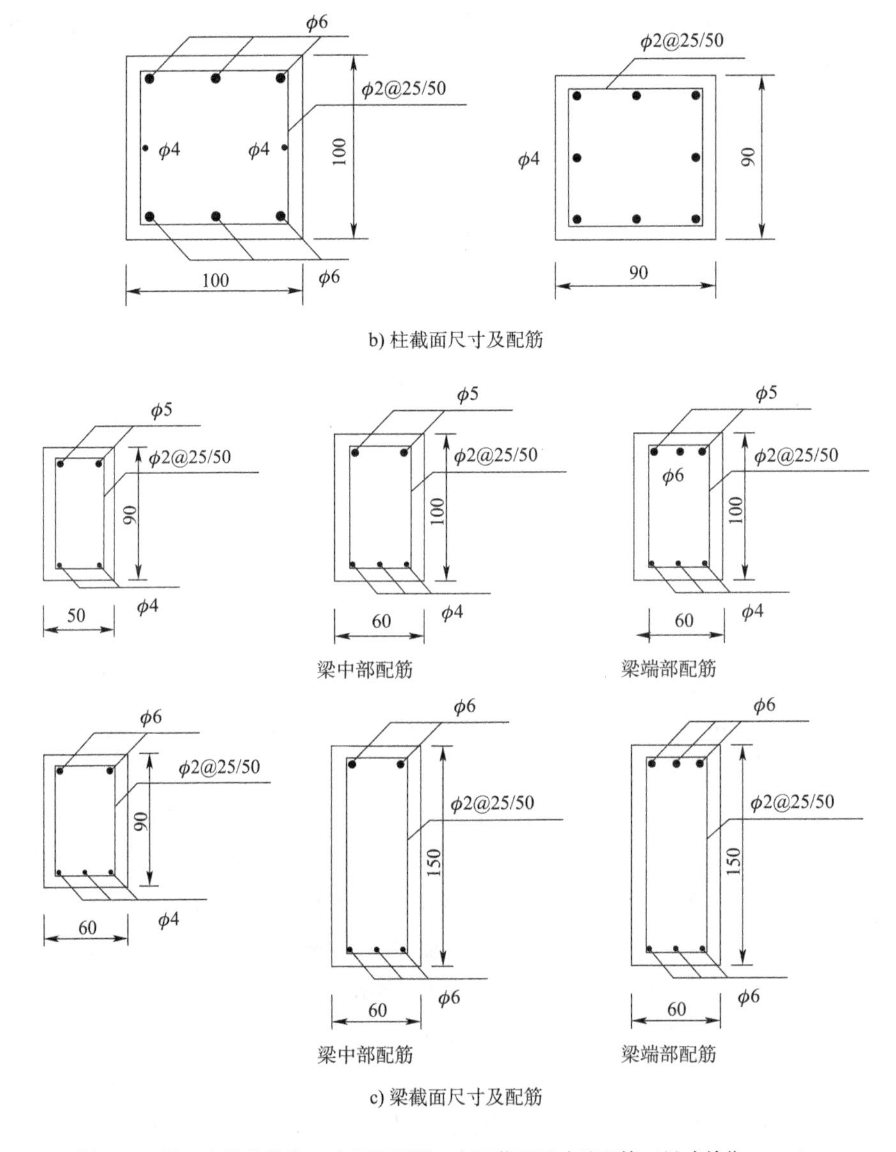

b) 柱截面尺寸及配筋

c) 梁截面尺寸及配筋

图 4-10　漩口中学教学楼 A 底层平面图、主要截面尺寸及配筋（尺寸单位：mm）

以结构底层为设计依据，在弹性阶段，结构抗侧刚度计算结果如下：

外廊式框架结构底层Ⓐ轴线框架柱抗侧刚度为：

$$\sum K_{\mathrm{C}}^{a} = 502810\mathrm{N/mm}$$

Ⓐ轴线半高填充墙抗侧刚度为：

$$\sum K_{\mathrm{Wb}}^{a} = 166530.84\mathrm{N/mm}$$

底层Ⓐ轴线填充墙框架的抗侧刚度为：

$$\sum K_{\mathrm{CW}}^{a} = \sum K_{\mathrm{C}}^{a} + \sum K_{\mathrm{Wb}}^{a} = 669340.84\mathrm{N/mm}$$

同理，底层Ⓑ轴线填充墙框架的抗侧刚度为：

$$\sum K_{\mathrm{C}}^{b} = 502810\mathrm{N/mm}$$

此时，Ⓑ轴需增设翼墙的抗侧刚度为：

$$\sum K_{\mathrm{g}}^{b} = \sum K_{\mathrm{CW}}^{a} - \sum K_{\mathrm{C}}^{b} = 166530.84\mathrm{N/mm}$$

同理，可得底层Ⓒ轴线框架柱抗侧刚度为：

$$\sum K_{\mathrm{C}}^{c} = 331854.6\mathrm{N/mm}$$

Ⓒ轴线半高填充墙抗侧刚度为：

$$\sum K_{\mathrm{Wb}}^{a} = 107055.54\mathrm{N/mm}$$

底层Ⓒ轴线填充墙框架的抗侧刚度为：

$$\sum K_{\mathrm{CW}}^{c} = \sum K_{\mathrm{C}}^{c} + \sum K_{\mathrm{Wb}}^{c} = 438910.14\mathrm{N/mm}$$

此时，Ⓒ轴需增设翼墙的抗侧刚度为：

$$\sum K_{\mathrm{g}}^{c} = \sum K_{\mathrm{CW}}^{a} - \sum K_{\mathrm{CW}}^{c} = 230430.66\mathrm{N/mm}$$

采取单一变量原则，以翼墙宽度为参数，翼墙厚度定为 240mm，分别在轴③、⑤、⑦、⑨、⑪、⑬、⑮布置翼墙。根据公式(4-17)计算得到弹性阶段Ⓑ轴布置的翼墙宽 254. 7mm，Ⓒ轴布置的翼墙宽 316. 42mm。

4.4.3　基于弹塑性阶段刚度平衡的翼墙设计

为了确定屈服阶段和承载力峰值阶段结构刚度平衡所需翼墙的尺寸，采用静力弹塑性（Pushover）分析方法进行分析。Pushover 分析方法是对既有结构抗震性能进行分析的重要方法之一，通过对结构模型单调逐级施加近似模拟地震作用、沿高度呈一定分布形式的水平侧向力，直到将结构推至目标位移或出现倒塌机制[26]。

本书以层间位移角作为评判结构达到屈服阶段和承载力峰值阶段的指标。以收集的试验现象为判断依据，不同阶段层间位移角限值如表 4-13 所示。采用 Pushover 分析方法确定在弹塑性阶段不同性能点处，外廊式框架结构刚度平衡所需增设的翼墙尺寸。

不同阶段层间位移角限值 表4-13

阶　段	弹性阶段	屈服阶段	承载力峰值阶段	破坏阶段
层间位移角	1/500	1/200	1/100	1/50

采用 ABAQUS + PQ-Fiber 建模方式，建立 3 种平面结构的计算分析模型（图 4-11）。Ⓐ轴线平面模型未增设翼墙，Ⓑ轴线平面模型与Ⓒ轴线平面模型分别增设前文基于弹性阶段刚度平衡设计的翼墙，翼墙宽度分别为 254. 7mm 和 316. 42mm。

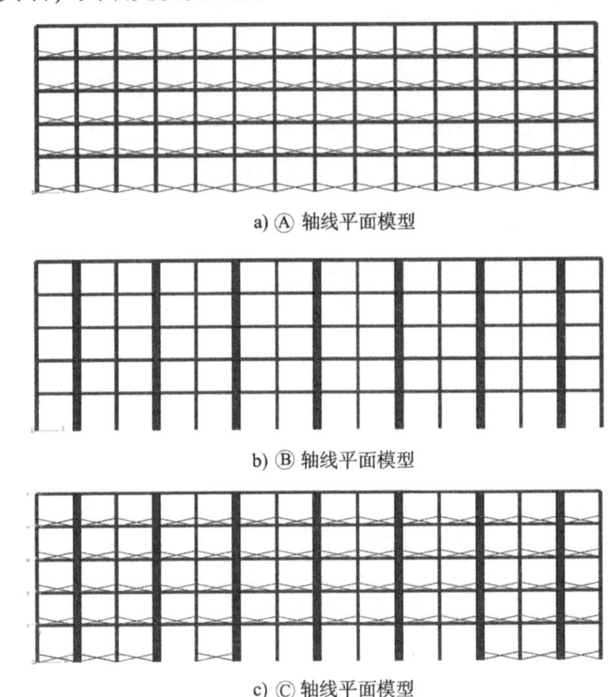

a) Ⓐ 轴线平面模型

b) Ⓑ 轴线平面模型

c) Ⓒ 轴线平面模型

图 4-11　Pushover 分析模型

选取倒三角水平加载模式进行推覆。对Ⓐ轴线平面模型，采用位移控制加载模式，逐级增加施加的水平荷载，直至Ⓐ轴线平面模型最大层间位移角分别达到 1/200 和 1/100，判定模型分别达到屈服阶段和承载力峰值阶段，记录此时施加的水平荷载。Ⓐ轴线平面模型层间位移角曲线见图 4-12。

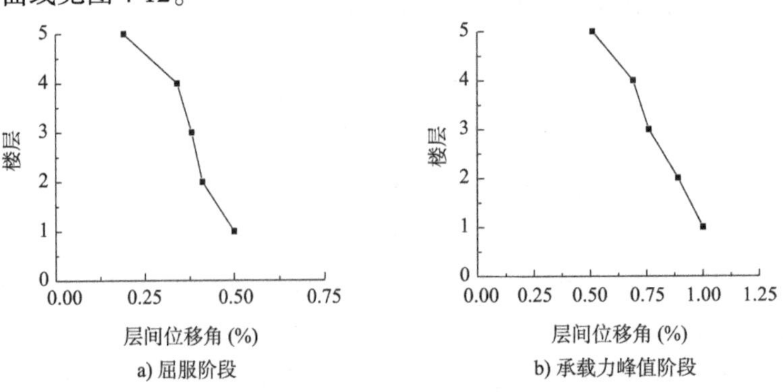

a) 屈服阶段

b) 承载力峰值阶段

图 4-12　弹塑性阶段Ⓐ轴线平面模型层间位移角曲线

采用记录的Ⓐ轴线平面模型分别达到屈服阶段和承载力峰值阶段所施加的水平荷载，对Ⓑ轴线平面模型和Ⓒ轴线平面模型进行推覆。修正翼墙宽度尺寸，使得Ⓑ轴线平面模型和Ⓒ轴线平面模型在该荷载水平下，可以同时达到相应的屈服阶段（最大层间位移角为1/200）和承载力峰值阶段（最大层间位移角为1/100）。经迭代设计，以屈服阶段达到刚度平衡为设计原则时，Ⓑ轴线平面模型增设翼墙宽度为216.58mm，Ⓒ轴线平面模型增设翼墙宽度为243.52mm；以承载力峰值阶段达到刚度平衡为设计原则时，Ⓑ轴线平面模型增设翼墙宽度为154.39mm，Ⓒ轴线平面模型增设翼墙宽度为182.26mm。Ⓑ轴线平面模型和Ⓒ轴线平面模型层间位移角曲线分别见图4-13、图4-14。

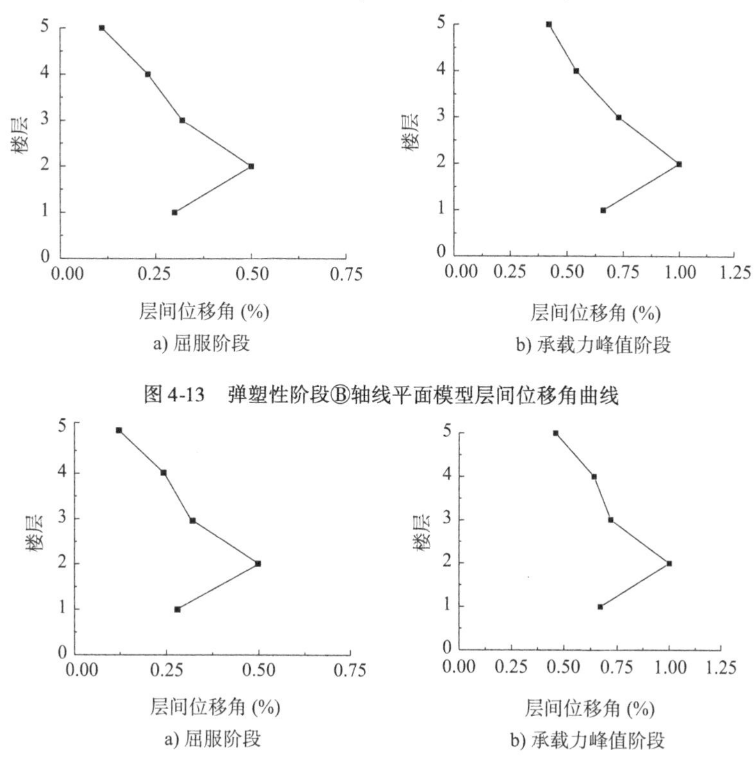

图4-13　弹塑性阶段Ⓑ轴线平面模型层间位移角曲线

图4-14　弹塑性阶段Ⓒ轴线平面模型层间位移角曲线

4.5　本 章 小 结

（1）本章收集整理了国内外29片满布填充墙和7片半高填充墙抗侧刚度试验数据，通过收集的试验值验证了不同学者提出的满布填充墙和半高填充墙弹性抗侧刚度计算公式的合理性。通过对比不同公式的填充墙抗侧刚度计算值与实测值可知，满布填充墙弹性阶段抗侧刚度计算值为实测值的0.71～2.97倍，半高填充墙弹性阶段抗侧刚度计算值为实测值的0.90～2.42倍，并从中选出了最优计算公式。

（2）基于填充墙弹性抗侧刚度计算公式和试验数据，拟合得到满布填充墙和半高填充墙在屈服阶段和承载力峰值阶段的抗侧刚度计算公式。

(3) 提出采用增设翼墙的方法来实现外廊式框架结构各榀框架刚度平衡，并基于弹性阶段、屈服阶段、承载力峰值阶段实现刚度平衡进行翼墙尺寸设计。

本章参考文献

[1] 吴绮芸，田家骅，徐显毅．砖墙填充框架在单向及反复水平荷载作用下的性能研究[J]．建筑结构学报，1980，1(4)：38-44.

[2] 童岳生，钱国芳，梁兴文，等．砖填充墙钢筋混凝土框架的刚度及其应用[J]．西安建筑科技大学学报（自然科学版），1985，11(4)：21-35.

[3] 曹万林，庞国新，李云霄，等．轻质填充墙异型柱框架弹性阶段地震作用计算[J]．地震工程与工程振动，1997，17(3)：45-52.

[4] 关国雄，夏敬谦．钢筋混凝土框架砖填充墙结构抗震性能的研究[J]．地震工程与工程振动，1996，16(1)：87-99.

[5] 黄群贤．新型砌体填充墙框架结构抗震性能与弹塑性地震反应分析方法研究[D]．泉州：华侨大学，2011.

[6] 林超，郭子雄，黄群贤，等．足尺砌体填充墙 RC 框架抗震性能试验研究[J]．建筑结构学报，2018，39(09)：30-37.

[7] 黄群贤，郭子雄，朱雁茹，等．混凝土空心砌块填充墙 RC 框架抗震性能试验研究[J]．建筑结构学报，2012，33(02)：110-118.

[8] 唐兴荣，杨亮，刘利花，等．不同构造措施的砌体填充墙框架结构抗震性能试验研究[J]．建筑结构学报，2012，33(10)：75-83.

[9] 杜树碧．填充墙对框架结构影响的地震反应分析[D]．成都：西南交通大学，2012.

[10] 李建辉，薛彦涛，肖从真，等．足尺蒸压加气混凝土砌块填充墙 RC 框架抗震性能试验研究[J]．土木工程学报，2015，48(08)：12-18.

[11] 廖桥，李碧雄，石宇翔，等．轻质墙板填充墙钢筋混凝土框架抗震性能试验研究[J]．建筑结构学报，2018，39(S1)：44-51.

[12] 薛建阳，高亮，戚亮杰．不同填充墙布置的型钢再生混凝土框架抗震性能试验分析[J]．西安建筑科技大学学报(自然科学版)，2016，48(06)：790-795.

[13] 吴方伯，朱惠芳，欧阳靖，等．混凝土横孔空心砌块填充墙-RC 框架抗震性能试验[J]．建筑科学与工程学报，2016，33(05)：7-13.

[14] 苏启旺，张言，许子宜，等．空心砖填充墙 RC 框架抗震性能足尺试验研究[J]．西南交通大学学报，2017，52(03)：532-539.

[15] 蒋欢军，毛俊杰，刘小娟．不同连接方式砌体填充墙钢筋混凝土框架抗震性能试验研究[J]．建筑结构学报，2014，35(3)：60-67.

[16] 滕瀚思．装配式混凝土砌块填充墙 RC 框架结构抗震性能研究[D]．长沙：湖南大学，2019.

[17] ALI M，MAREFAT M S，MOHAMMAD K. Experimental evaluation of seismic performance of low-shear strength masonry infills with openings in reinforced concrete frames with deficient seismic details[J]. Structural Design of Tall & Special Buildings，2014，23(15)：1190-1210.

[18] KAKALETSIS D J，KARAYANNIS C G. Influence of masonry strength and openings on infilled R/C frames under cycling loading[J]. Journal of Earthquake Engineering，2008，12：197-221.

[19] ANIL O，ALTIN S. An experimental study on reinforced concrete partially infilled frames [J]. Engineering Structures，2007（29）：449-46.

[20] STAVRIDIS A，SHING P B. Finite-element modeling of nonlinear behavior of masonry-infilled RC Frames[J]. Journal of Structural Engineering，2010，136(3)：285-296.

[21] MEHRABI A B，SHING P B. Finite element modeling of masonry-infilled RC frames [J]. Journal of Structure Engineering，1997，(5)：604-613.

[22] AL-CHAAR G，ISSA M，SWEENEY S. Behavior of masonry-infilled nonductile reinforced concrete frames[J]. Journal of Structural Engineering，2002，128：1055-1063.

[23] 郝伟杰．砌体填充墙对框架结构刚度贡献及抗震措施研究[D]．成都：西南石油大学，2014.

[24] 金焕．填充墙 RC 框架结构地震破坏机理及关键抗震措施研究[D]．哈尔滨：中国地震局工程力学研究所，2014.

[25] 张令心，王财权，刘洁平．翼墙加固方法对框架结构抗震性能的影响分析[J]．土木工程学报，2012，45(S2)：16-21.

[26] 陆新征，叶列平，缪志伟．建筑抗震弹塑性分析[M]．北京：中国建筑工业出版社，2015.

第 5 章

基于刚度平衡设计的外廊式钢筋混凝土框架-翼墙结构抗地震倒塌能力分析

5.1 引　　言

在第 4 章计算得到的弹性阶段、屈服阶段、承载力峰值阶段外廊式框架结构实现各榀框架刚度平衡所需增设的翼墙尺寸参数基础上，本章以汶川地震极震区漩口中学教学楼为原型结构，设计了 4 个数值模型（1 个原型结构与 3 个基于不同性能点实现刚度平衡设计的翼墙加固结构），对 4 个模型进行了增量动力分析（IDA 分析）。并从层间位移角分布、倒塌储备系数（CMR）分析等方面进行了抗震性能评估，为该结构体系的工程应用提供理论支撑。

5.2 增量动力分析

5.2.1 增量动力分析-方法的基本原理

IDA 分析是一种弹塑性时程分析方法。它根据一定的规律，调整选定的地震动强度指数，得到一系列单调递增的地震动，对地震动进行人工调幅后，输入结构体系中，进行弹塑性时程动力分析，从而评价结构抗震性能。它被认为是一种能够定量描述地震动强度指标与结构地震反应参数对应关系的分析方法。单次弹塑性时程分析过程可以看作是 IDA 分析的一种特殊情况；结合弹塑性时程分析的结果，与单次动力时程分析相比，IDA 分析可以清晰地得到特定地震动记录的不同地震烈度与结构响应之间的关系，在此基础上，可以对结构的抗震性能进行更全面的评估。IDA 分析应基于准确有效的有限元模型、充足的地震动输入、合理的地震烈度指数和倒塌准则。单条或多条地震动强度指标被称为 IM（Intensity Measure），结构损伤指标被称为 DM（Damage Measure），通过数据处理可以绘制出 IM 和 DM 之间的关系曲线，此曲线即为 IDA 曲线（簇）[1]。

5.2.2 地震动的选取

在对结构进行 IDA 分析时，为了保证分析结果准确、可靠，需要选取合适的地震动。本书主要研究外廊式结构纵向翼墙的设计，所以输入的地震动为单向。选取 FEMA695[2] 建议的 22 组远场地震动记录（表 5-1）对结构进行 IDA 分析。地震动谱加速度对比见图 5-1。

所选地震动记录 表5-1

序 号	年 份	地震名称	记录台站
1	1994	Northridge	Beberly Hills-Mulhol
2	1994	Northridge	Canyon Country-WLC
3	1999	Duzce, Turkey	Bolu
4	1999	Hector Mine	Hector
5	1979	Imperial Valley	Delta
6	1979	Imperial Valley	El Centro Array No. 11
7	1995	Kobe, Japan	Nishi-Akashi
8	1995	Kobe, Japan	Shin-Osaka
9	1999	Kocaeli, Turkey	Duzce
10	1999	Kocaeli, Turkey	Arcelik
11	1992	Landers	Yermo Fire Station
12	1992	Landers	Coolwater
13	1989	Loma Prieta	Capitola
14	1989	Loma Prieta	Gilroy Array No. 3
15	1990	Manjil, Iran	Abbar
16	1987	Superstition Hills	El Centro Imp. Co.
17	1987	Superstition Hills	Poe Road (temp)
18	1992	Cape Mendocino	Rio Dell Overpass
19	1999	Chi-Chi	CHY101
20	1999	Chi-Chi	TCU045
21	1971	San Fernando	LA-Hollywood Store
22	1976	Friuli, Italy	Tolmezzo

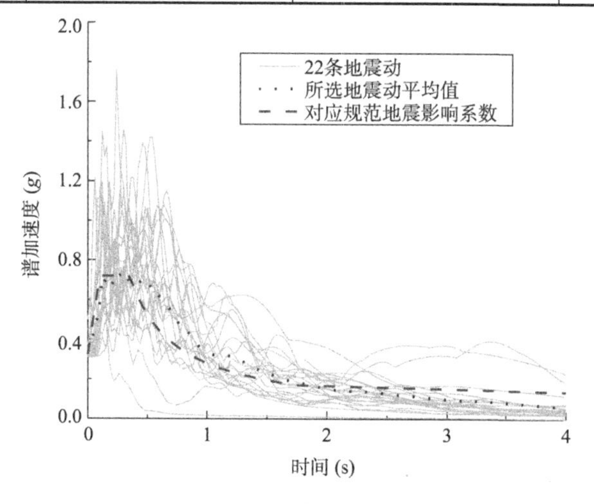

图5-1 地震动谱加速度对比图

5.2.3 地震动强度指标、结构损伤指标确定以及倒塌判定

IDA 分析中，为了有效降低结构分析过程中数据的离散性，选取合理的 IM 与 DM 是很有必要的。Vamvatsikos[3] 以 S_a（T_1，5%）作为 IDA 分析中的 IM，对比分析，发现以 S_a（T_1，5%）为地震动强度指标得到的结果的离散度比用 PGA 作为强度指标的结果的离散度低，所以本书选取 S_a（T_1，5%）为 IM 指标。

常见的结构损伤指标有：结构基底剪力 V_b、最大楼层速度 V_{max}、最大层间位移角 θ_{max} 与改进的损伤指标 DI_{MPA} 等。研究表明，以最大层间位移角 θ_{max} 作为结构损伤指标效果更优。本书选取最大层间位移角 θ_{max} 为 IDA 分析中算例结构的 DM 指标。

IDA 分析的倒塌判定方式主要有两类[4-6]：Vamvatsikos 法，Haselton 的倒塌点定义法。Vamvatsikos 法可分为 DM 准则、IM 准则和混合准则。其中：IM 准则是当 IDA 曲线斜率下降为初始斜率的 20% 时，判定为倒塌；DM 准则是当最大层间位移角到达 10% 时，判定为结构倒塌；混合准则是取 IDA 曲线切线斜率降为初始斜率的 20% 与 θ_{max} 到达 10% 两者中的较小值作为倒塌状态极限点。Haselton 的倒塌点定义法是将 IDA 曲线变平的转折点定义为倒塌点。本书采用的结构倒塌的判定标准为：IDA 曲线斜率下降到初始斜率的 20% 或 θ_{max} 到达 1/19。

5.3 结构抗倒塌能力分析

5.3.1 整体结构模型的建立

以漩口中学教学楼 A 为参考原型，参照其底层尺寸，按照《结构抗震设计规范》（GB 50011—2010）与《混凝土结构设计规范》（GB 50010—2010），采用第 2 章等效斜撑 + ABAQUS 梁单元 + PQ-Fiber 的建模方法，重新设计 4 个 5 层框架结构模型（图 5-2）。荷载根据《建筑结构荷载规范》（GB 5009—2012）取值，分析模型只考虑恒荷载、活荷载与地震作用，不考虑风荷载作用。4 个模型包含：1 个原型外廊式框架模型（模型 A），3 个基于刚度平衡设计增设翼墙的外廊式框架模型（模型 B、C、D）。其中，模型 B、C、D 翼墙采用单一变量原则，以翼墙宽度为变量，翼墙厚度定为 240mm，分别布置在③、⑤、⑦、⑨、⑪、⑬、⑮轴。为使结构刚度均匀，通过第 3 章的计算、分析，确定：模型 B 的Ⓑ轴布置宽 254.7mm 的翼墙，Ⓒ轴布置宽 316.42mm 的翼墙；模型 C 的Ⓑ轴布置宽 216.58mm 的翼墙，Ⓒ轴布置宽 243.52mm的翼墙；模型 D 的Ⓑ轴布置宽 154.39mm 的翼墙，Ⓒ轴布置宽 182.26mm 的翼墙。模型 B、C、D 除增设不同宽度的翼墙外，其余梁柱尺寸均与原型相同。对模型 A、B、C、D 进行模态分析，所得的结构一阶自振周期（T_1）对比见表 5-2。

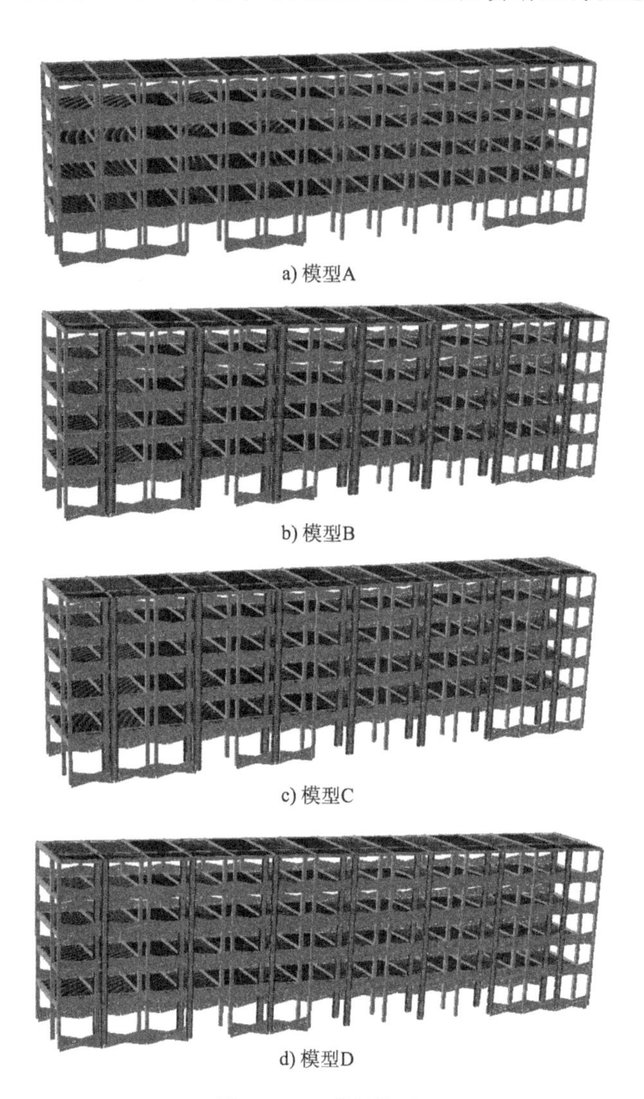

a) 模型A

b) 模型B

c) 模型C

d) 模型D

图 5-2　IDA 分析模型

各模型一阶自振周期　　表 5-2

模型	A	B	C	D
自振周期（s）	0. 49	0. 42	0. 45	0. 47

5. 3. 2　模型位移反应对比分析

外廊式钢筋混凝土框架结构在屡次地震中暴露出抗侧刚度不均匀、各楼层损伤不均等问题。原型结构在濒临倒塌时整体震害分布不均，结构Ⓐ轴破坏严重，最先失效，且底层形成薄弱层，上部几层损伤较轻。对 4 个模型进行 IDA 分析，提取 4 个模型在罕遇地震作用下各层最大层间位移角反应，对比图见图 5-3；4 个模型在罕遇地震作用下最大层间位移角平均值见表 5-3。

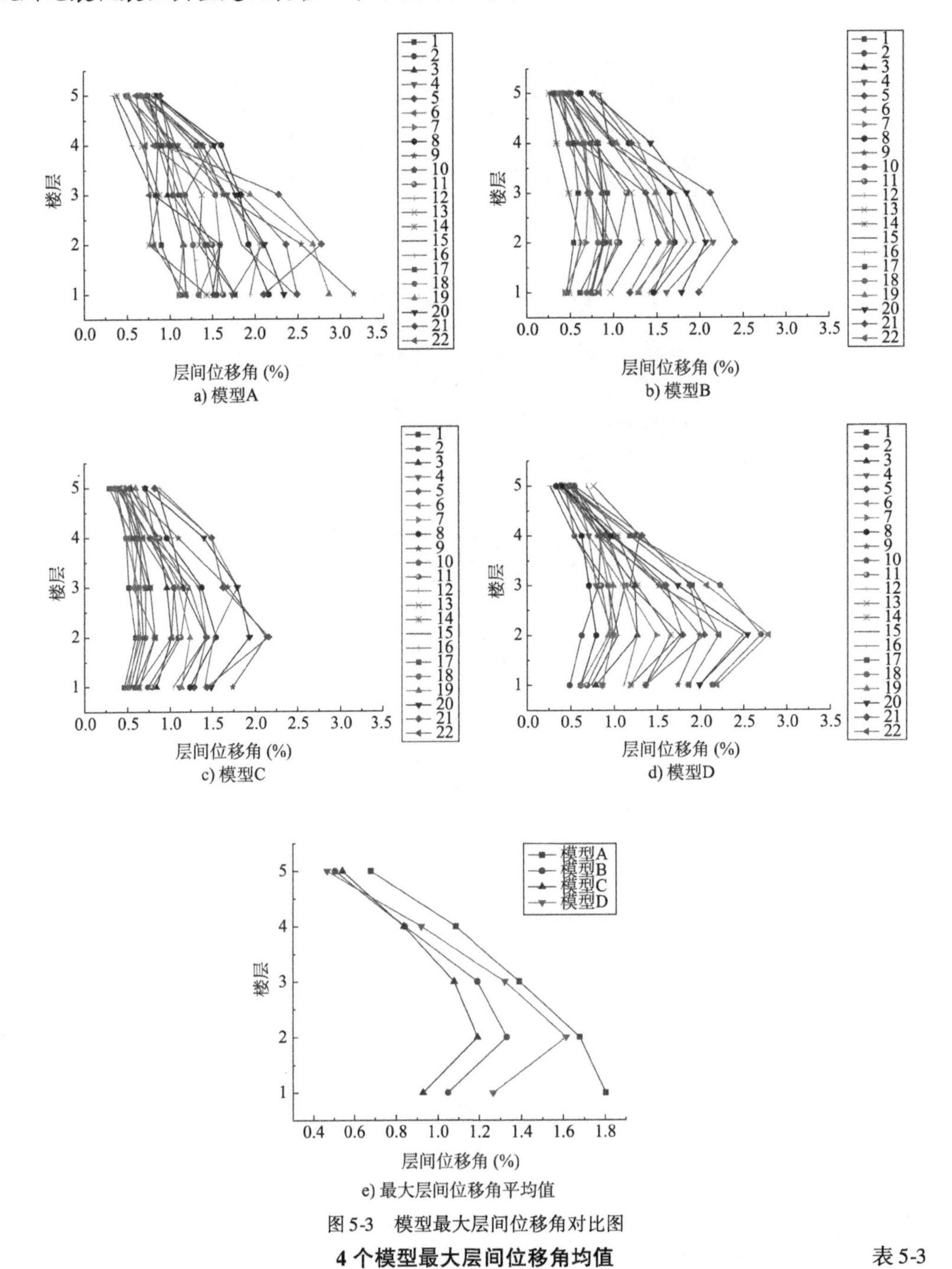

图 5-3　模型最大层间位移角对比图

4 个模型最大层间位移角均值　　表 5-3

模型	A	B	C	D
θ（%）	1.803	1.331	1.192	1.614

由图 5-3 与表 5-3 可得：不同地震动作用下，模型 A 各层层间位移角虽差别较大，但最大层间位移角主要集中于第 1 层，少数出现在第 2 层。这与实际结构第 1 层教室一侧柱先失效而发生连续垮塌的现象一致，变形模式较典型。模型 B、C、D 经翼墙加固后，各

层最大层间位移角显著减小，层间位移变化比模型 A 均匀，离散性降低。3 个模型的变形模式相对一致，3 种结构的各层层间位移、最大层间位移角主要集中于第 2 层，少数存在于第 3、4 层，底层为薄弱层的概率降低。3 个模型的翼墙布置位置相同，但由于翼墙宽度不同，最大层间位移角减小的幅度不同。由最大层间位移角平均值对比可知，模型 B 的最大层间位移角平均值比模型 A 减小了 26%；模型 C 的最大层间位移角平均值比模型 A 减小了 34%；模型 D 的最大层间位移角平均值比模型 A 减小了 10%。由此可得，结构模型 C 的最大层间位移角减小效果最优，抗震效果最佳，损伤分布最均匀。

层间位移角集中系数（DCF）可以表示结构的变形均匀程度，其计算公式为：

$$\mathrm{DCF}=\frac{\theta_{\max}}{\mu_{\mathrm{r}}/H} \tag{5-1}$$

式中：$\theta_{\max}$——所有楼层层间位移角最大值；

μ_{r}——结构的顶点位移；

H——结构的总高度。

在不同地震动作用下，4 个模型的 DCF 对比见图 5-4。由图 5-4 可得，增设翼墙后模型 B、模型 C 和模型 D 的 DCF 显著减小，证明外廊式框架结构增设翼墙后，结构各层的变形趋于均匀。4 个模型中，模型 A 的 DCF 最大，表明原型结构在地震作用下变形均匀度最低，损伤分布不均匀；模型 C 的 DCF 最小，表明模型 C 在地震作用下变形均匀度最高，损伤分布均匀。

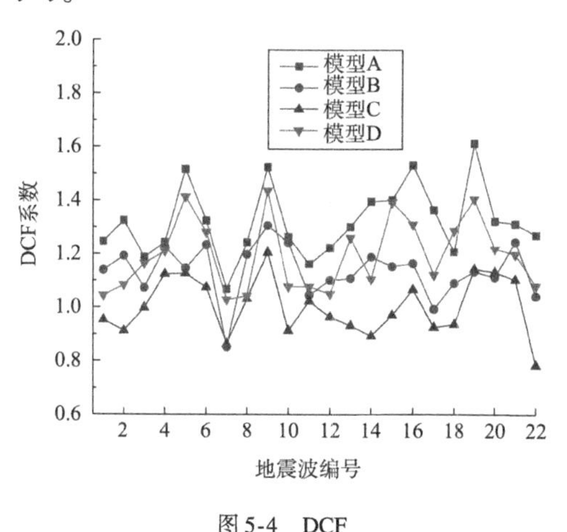

图 5-4　DCF

5.3.3　IDA 曲线簇分析

采用变步长法对 4 个模型结构进行 IDA 分析，模型倒塌时集中地震动强度如表 5-4 所示，4 个模型的 IDA 曲线簇如图 5-5 所示。

4 个模型倒塌时的集中地震动强度　　表 5-4

模型	A	B	C	D
IM（g）	0.3～2.3	0.5～5.4	0.6～6.4	0.3～3.8

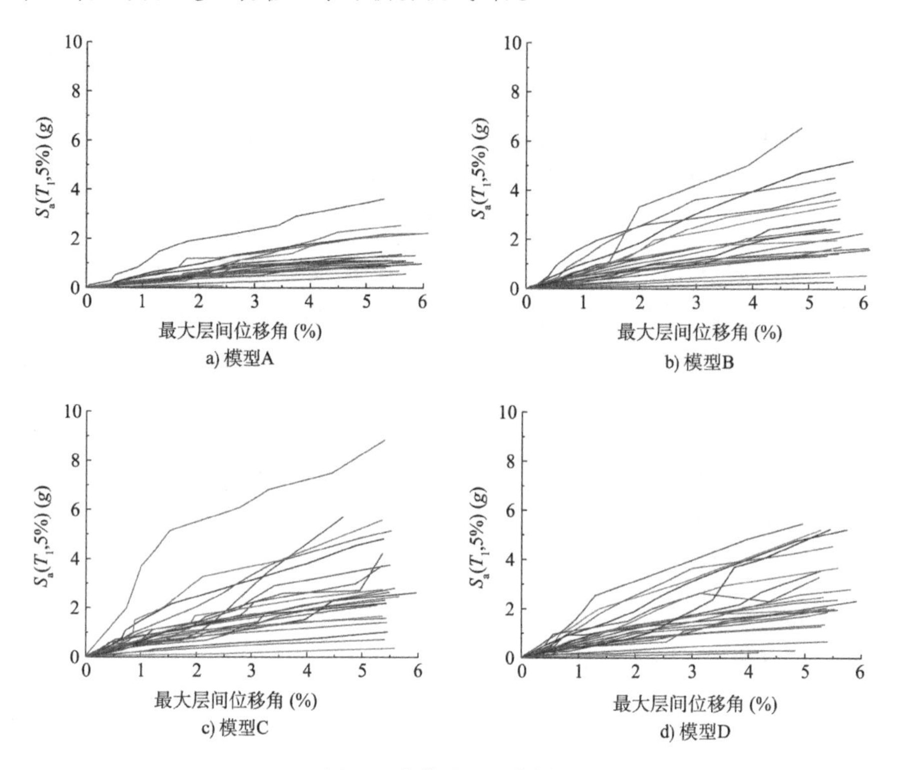

图 5-5　各模型 IDA 曲线簇

由图 5-5 可以看出，4 个模型的 IDA 曲线簇一共有 88 条 IDA 曲线，曲线的形状差异较大，但总体呈现出线性变化的趋势。模型 B、C、D 增设翼墙后，结构的倒塌概率明显降低，抗震性能相比于模型 A 有较大的提高。

外廊式框架结构采用翼墙加固后，随着地震动的增强，其控制作用越来越显著。由图 5-5 可得，增设翼墙后，结构倒塌的集中地震动强度提高。这是由于在原型结构刚度较小的轴增设翼墙，使得整体结构刚度均匀，外廊式框架结构的抗震性能大大增强。模型 B 倒塌的集中地震动强度比模型 A 提高约 2.35 倍，模型 C 倒塌的集中地震动强度比模型 A 提高约 2.78 倍，模型 D 倒塌的集中地震动强度比模型 A 提高 1.65 倍；模型 C 的控制效果最明显。

5.4　模型结构抗地震倒塌能力分析

5.4.1　结构倒塌概率对比

从结构倒塌概率可以很好地看出结构抗倒塌能力的强弱。本书依据国家科技支撑计划项目（2009BAJ28B01）研究的“罕遇地震”“罕遇地震提高一度地震”“特大地震”共 3 种不同的地震作用，对 4 个模型的抗地震倒塌能力进行分析。罕遇地震、罕遇地震提高一度地震与特大地震的 PGA 参照《建筑抗震设计规范》(GB 50011—2010)，分别取 310gal、510gal 与 730gal。罕遇地震、罕遇地震提高一度地震与特大地震作用下结构的倒塌概率见表 5-5。

各模型在不同地震作用下的倒塌概率（单位:%）　　表 5-5

地震作用	倒塌概率			
	模型 A	模型 B	模型 C	模型 D
罕遇地震	1.0	0.4	0.3	0.5
罕遇地震提高一度地震	3.4	2.1	1.3	2.5
特大地震	16.5	5.1	3.7	7.2

对比表 5-5 和图 5-6 中不同地震作用下各模型的地震倒塌概率可知：

（1）罕遇地震作用下，模型 A 的倒塌概率为 1.0%，采用翼墙加固的模型 B、C、D 的倒塌概率均低于 1%，模型 C 的倒塌概率最低（0.3%）。以上 4 个模型均符合 ATC（Applied Technology Council，应用技术委员会）报告中建议的罕遇地震下结构的倒塌概率小于 10%，对人身安全有较充分的保障。

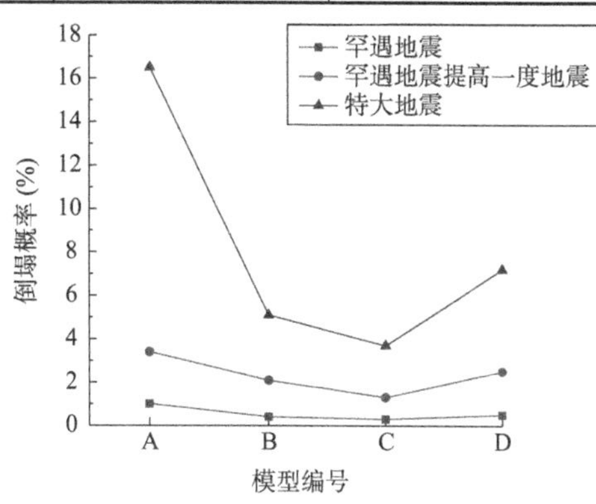

图 5-6　不同地震作用下各模型的倒塌概率对比

（2）在罕遇地震提高一度地震作用下，4 个模型的地震倒塌概率均有所增大，模型 A 的倒塌概率为 3.4%，翼墙加固的模型 B、C、D 中，模型 D 的倒塌概率最高（2.5%），模型 C 的倒塌概率最低（1.3%）。

（3）在特大地震作用下，模型 A 的倒塌概率达 16.5%，模型 B、C、D 的倒塌概率显著降低，均低于 10%。表明采用翼墙加固的方法可以很好地改善外廊式框架结构底层刚度不均匀的情况。其中，模型 C 的倒塌概率最低（3.7%），比模型 A 的倒塌概率低 12.8 个百分点，加固效果最好。

5.4.2　结构倒塌储备系数对比

CMR（Collapse Margin Ratio，结构倒塌储备系数）是反映结构整体抗地震倒塌能力的重要评估指标。CMR 越大，结构安全储备越足，结构倒塌概率越低。

将结构倒塌易损性曲线对应的 50% 倒塌概率的地震动强度作为结构的平均抗倒塌能力指标，采用结构第一阶自振周期对应的谱加速度值为地震动强度指标，罕遇地震（简称 MCE）、罕遇地震提高一度地震（简称 MCE-Ⅰ）、特大地震（简称 ME-Ⅱ）的 CMR 系数计算公式分别为：

$$CMR_{MCE} = S_a(T_1)_{50\%\,collapse} / S_a(T_1)_{MCE} \tag{5-2}$$

$$CMR_{ME-Ⅰ} = S_a(T_1)_{50\%\,collapse} / S_a(T_1)_{ME-Ⅰ} \tag{5-3}$$

$$CMR_{ME-Ⅱ} = S_a(T_1)_{50\%\,collapse} / S_a(T_1)_{ME-Ⅱ} \tag{5-4}$$

式中：$S_a(T_1)_{50\%\,collapse}$——结构的倒塌概率为 50% 时对应的 $S_a(T_1)$ 值；

$S_a(T_1)_{MCE}$——罕遇地震作用下，结构基本周期 T_1 对应的谱加速度值；

$S_a(T_1)_{ME\text{-}I}$——罕遇地震提高一度地震作用下，结构基本周期 T_1 对应的谱加速度值；

$S_a(T_1)_{ME\text{-}II}$——特大地震作用下，结构基本周期 T_1 对应的谱加速度值。

根据4个模型的IDA分析结果，统计出不同 $S_a(T_1)$ 对应的倒塌数据点，采用对数正态分布对倒塌数据点进行拟合，得到各框架结构的倒塌易损性曲线，见图5-7。表5-6和图5-8为不同地震作用下4个模型CMR系数对比。

不同地震作用下各模型的CMR　　表5-6

地震作用	CMR			
	模型A	模型B	模型C	模型D
罕遇地震	3.22	4.36	5.41	3.97
罕遇地震提高一度地震	2.14	3.55	3.74	3.10
特大地震	1.38	2.48	2.72	2.04

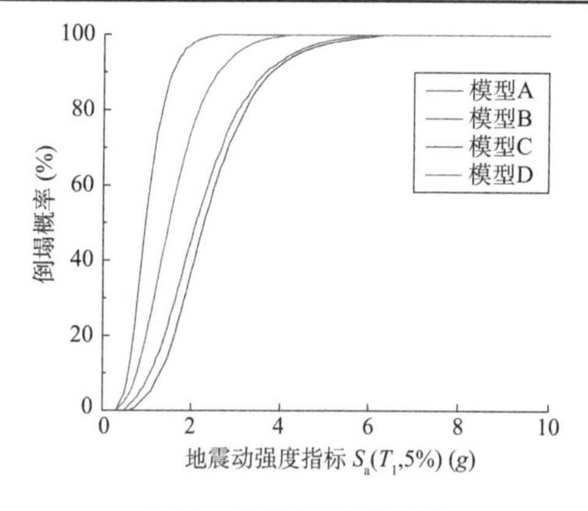

图5-7　结构倒塌易损性曲线

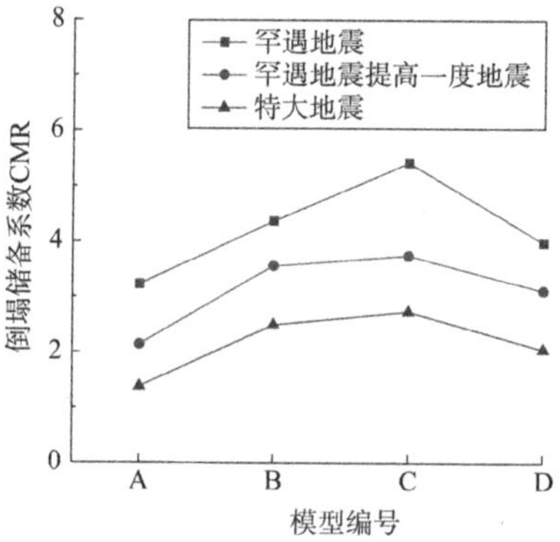

图5-8　不同地震作用下各模型的CMR对比

对比表5-6和图5-8中不同地震作用下各结构的CMR可知：在罕遇地震作用下，原型结构的CMR为3.22；采用翼墙加固的方式实现外廊式框架结构刚度平衡后，模型B、C、D的CMR分别增至4.36、5.91和3.97，上升幅度分别为35%、68%和23%；在罕遇地震提高一度地震作用下，结构A的CMR为2.14，模型B、C、D的CMR分别为3.55、3.74和3.10，上升幅度分别为66%、75%和45%；在特大地震作用下，结构A的CMR为1.38，模型B、C、D的CMR分别为2.48、2.72和2.04，增幅分别为66%、75%和45%。由此可知，外廊式框架结构在经过基于刚度平衡的翼墙加固后，其抗地震倒塌能力得到提高，证实了通过翼墙加固使外廊式框架结构底层刚度平衡方法的合理性。

综上所述，翼墙加固方法可以有效降低外廊式框架结构的倒塌概率，提高CMR，从而增加外廊式框架结构抗倒塌安全储备。分析结果表明，通过在外廊式框架结构刚度较小的一侧布置翼墙使外廊式框架结构底层刚度均匀的方式是合理的。由4个模型的对比分析可得，基于屈服阶段刚度平衡进行翼墙加固需求设计的效果最佳。

5.5 本章小结

本章通过对4个5层外廊式框架结构进行IDA分析，研究了影响钢筋混凝土框架-翼墙结构体系动力反应特征和抗地震倒塌性能的关键参数，得到如下结论：

（1）模型B、C、D经翼墙加固后，结构各层最大层间位移角显著减小，结构的层间位移变化比模型A均匀，离散性降低。对比4个模型最大层间位移角平均值可得，模型C的最大层间位移角降低效果最优，抗震效果最佳，损伤分布最均匀。

（2）对比层间位移角集中系数可知，翼墙加固后的3个模型的DCF比原型结构均有所减小，结构变形更均匀，验证了采用翼墙加固的方法实现外廊式框架结构刚度平衡的可行性。其中，模型C的DCF最小，结构变形均匀度最高，损伤分布最均匀。

（3）通过对比不同地震作用下4个模型的倒塌概率可以看出，翼墙加固的外廊式框架结构的倒塌概率比原型结构均有所降低。在特大地震作用下，原型结构倒塌概率达到16.5%，增设翼墙后3个模型的倒塌概率均低于10%。其中，模型C的倒塌概率最低（1.3%），表明模型C增设的翼墙宽度最合理，抗倒塌能力最强。

（4）通过对比4个模型在不同地震作用下的CMR可知：在特大地震作用下，原型结构的CMR低于2，结构安全储备不足，增设翼墙后3个模型的CMR均大于2，表明采用翼墙加固的方法可实现外廊式框架结构刚度平衡，提高了外廊式框架结构在地震中的安全储备。对比分析4个模型，基于屈服阶段刚度平衡进行翼墙需求设计的效果最佳。

本章参考文献

[1] 陈江辉. 基于IDA方法的风雨操场建筑地震倒塌破坏分析[D]. 乌鲁木齐：新疆大学，2018.

[2] FEMA. Quantification of building system performance and response parameters[R]. Washington，D. C.：Federal Emergency Management Agency，2009：421.

[3] VAMVATSIKOS D，CORNELL C A. Incremental dynamic analysis[J]. Earthquake Engineering and Structural Dynamics，2002，31(3)：491-514.

[4] 杨威. RC框架结构地震易损性研究[D]. 西安：西安建筑科技大学，2016.

[5] 于晓辉，吕大刚. 考虑结构不确定性的地震倒塌易损性分析[J]. 建筑结构学报，2012，33(10)：8-14.

[6] 范萍萍，陆新征，叶列平. 不同抗震等级RC框架结构抗地震倒塌能力的研究[J]. 工程力学，2018，35(06)：33-41.

第6章

翼墙加固钢筋混凝土框架结构体系

6.1 引　　言

前文对纯框架结构倒塌机理的研究表明，多层钢筋混凝土框架结构体系存在抗震防线单一、填充墙设置不合理、损伤模式未达到预期等问题；也表明了多层框架结构体系在抗震性能上的核心矛盾，框架柱既要抵抗水平地震力，又要承担结构重力荷载，在地震作用下，框架柱损伤逐步加重，承受重力荷载的能力逐步下降，最终导致结构倒塌。因此，研究经济实用的抗震措施来提高占我国建筑总量30%以上的钢筋混凝土框架结构的抗地震倒塌能力，无疑对保障人民生命财产安全具有重要的现实指导意义。

新西兰规范建议在设计钢筋混凝土框架结构时，将边榀框架设计得具有足够的刚度和强度，以承受绝大部分水平地震作用，通过刚度较低的中间榀框架来承受绝大多数竖向重力作用。美国抗震规范建议采用并联结构体系，即结构抗侧力和承重工作分别采用独立的结构体系，这样当结构遭遇强烈地震作用时，即使抗侧力体系失效，承重体系也不缺失，仍能保证结构不倒塌。第2章介绍位于极震区而未倒塌的北川盐务局宿舍楼底层框架结构，其将一定数量的落地剪力墙设置在框架柱两侧，即采取了翼墙加固方法。在框架结构中增设翼墙的加固方法，能够在一定程度上实现上述抗震机制，经济实用，设置方法灵活，适合在数量众多的钢筋混凝土框架结构中广泛应用。本章对翼墙加固钢筋混凝土框架结构体系的抗震机制进行理论分析和数值模拟对比研究，为多层钢筋混凝土框架结构抗倒塌设计提供参考依据。

6.2 翼墙加固钢筋混凝土框架结构体系的概念

翼墙最初主要应用于水利工程之中，在大坝的泄洪道两侧附加一定数量的翼墙，从而增强其抗滑能力[1]。在建筑结构中，由于翼墙可以设置在拟砌填充墙位置，对建筑外观、使用功能等影响小，施工工艺传统，是一种具有很强适用性的加固方法。根据框架柱位置的不同，翼墙加固框架柱的基本类型主要有一字形、L形和十字形，如图6-1所示。

翼墙加固钢筋混凝土框架结构体系与我国建筑结构中常见的框架剪力墙结构体系和异形柱框架体系有些相似，也有很大的不同之处，具体如下：

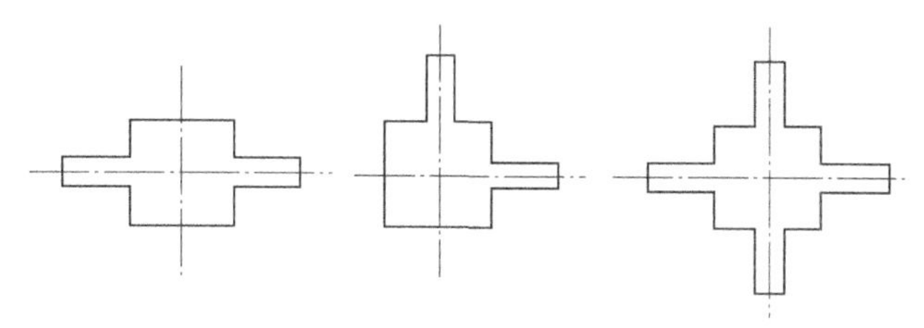

图 6-1　翼墙加固框架柱的基本类型

1）与框剪结构相比

翼墙加固钢筋混凝土框架结构体系中，如果翼墙的截面高度接近于零，则结构为纯框架结构体系；如果翼墙构件的长度足够长，则结构基本可视为框架剪力墙结构体系。我国《混凝土结构设计规范》（GB 50010—2010）[2]和《高层建筑混凝土结构技术规程》（JGJ 3—2010）[3]根据竖向构件截面的长、宽两个方向长度比值是否大于 4 判定为墙或柱。在框架剪力墙结构中，合理的损伤机制为：在强烈地震作用下，连梁首先弯曲破坏耗能，部分框架梁屈服补充耗能；剪力墙的破坏应尽量延迟，并将破坏主要控制在墙肢的底层；框架柱作为竖向承重构件，尽量保持完好[4]。而翼墙加固钢筋混凝土框架结构体系主要被看作对框架柱的加强，基本属于少墙框架结构体系范畴。

2）与异形柱框架结构相比

作为我国住宅建筑重要形式之一的异形柱框架体系，其柱截面与翼墙加固的框架柱形式相似，但两种结构体系却有本质区别。钢筋混凝土异形柱框架结构[5]柱截面呈 T 形、L 形和十字形，其截面高度与相连的墙体截面高度相同（图 6-2），也可以用于框剪结构中，其主要目的在于保证框架柱的棱角不外露，不影响使用面积和美观。翼墙不改变核心框架柱的面积，但可以改变框架结构的损伤机制，显著提高框架结构的抗震性能。异形柱框架结构变形模式仍为剪切型，且由于刚度不均匀、节点截面面积小等因素，一般不建议用于高设防烈度地区[6]。

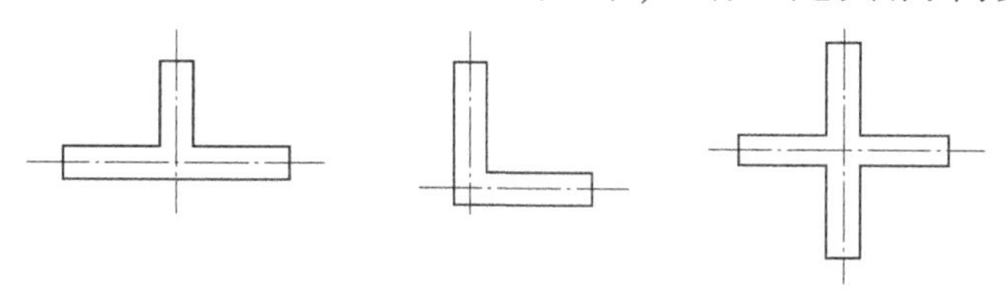

图 6-2　异形柱框架结构中的柱截面形状

6.3　翼墙加固钢筋混凝土框架结构体系的抗震机制

现有框架结构的震害表明，在往复地震作用下，多层钢筋混凝土框架结构易形成柱铰机制损伤，底部破坏往往最为严重，形成薄弱层，失去竖向承重能力，进而发生连续垮塌，或者因某层刚度相对较弱形成层屈服机制。《建筑抗震加固技术规程》（JGJ 116—2009）[7]指出：钢筋混凝土房屋的抗震加固应采取有效措施以提高结构构件的抗震承载能力、增强结构的变形能力或改变原结构抗侧力体系。与纯框架结构相比，翼墙加固钢筋混凝土框架结构在抗震概念设计上[8]主要有以下 3 方面的改善：

（1）翼墙的构造与剪力墙相似，由于通常设在框架柱两侧，被称为翼墙或翼柱（由截面高宽比决定），如图6-3所示。以单向简单示意增设位置，对应中柱和边柱通常有图6-3a）、b）两种截面形式。实际工程中，双向为十字形和L形。在水平往复地震作用下：对于图6-3a）的框架柱两侧加翼墙截面形式，由于翼墙在距离整个截面中性轴较远处，将先于框架柱破坏损伤；对于图6-3b）的框架柱一侧加翼墙截面形式，由于翼墙厚度通常小于柱宽，所以整个截面中性轴位于靠近柱一侧（左侧虚线所示），翼墙边缘距离中性轴较远，所受拉、压应力更大，也将先于框架柱边缘破坏。理论上，翼墙加固框架结构中的翼墙将率先破坏，消耗地震能量，起到保护框架柱、增加一道抗震防线的作用，增加了竖向构件的刚度，有利于“强柱弱梁”破坏机制的实现。

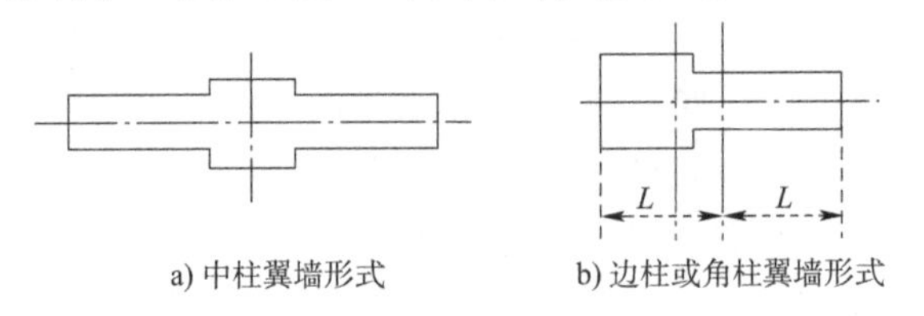

a) 中柱翼墙形式　　b) 边柱或角柱翼墙形式

图6-3　加翼墙柱的两种基本截面形式

（2）钢筋混凝土框架结构中，竖向承重体系和水平抗侧体系主要为梁和柱，功能不区分。地震作用时，填充墙破坏后，柱成为唯一的抗侧力构件，发生弯曲或者剪切破坏，形成柱铰失效后，竖向承重体系缺失，造成结构易在竖向重力作用下连续垮塌。增加翼墙后，结构竖向构件的截面高度增加，截面惯性矩成指数倍增加，大大提高了原结构的抗侧能力，竖向承重构件的截面面积增加也降低了柱的轴压比，有利于提高结构抵抗地震时框架柱的延性。

（3）多层钢筋混凝土框架结构在侧向力作用下主要呈现剪切型变形模式，而惯性力自上向下传递，导致低层震害最重，易形成薄弱层，导致承重体系缺失，最终导致连续倒塌。剪力墙结构则呈弯曲型变形。翼墙框架结构体系变形模式介于剪切型和弯曲型之间（图6-4），实现了更加均匀合理的变形模式，能够避免框架结构形成“薄弱层，尤其是底层薄弱层”的破坏模式。

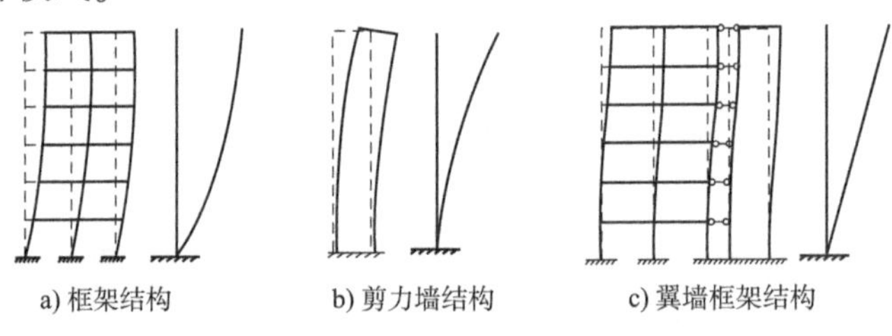

a) 框架结构　　b) 剪力墙结构　　c) 翼墙框架结构

图6-4　地震作用下各结构的变形模式

6.4　翼墙加固钢筋混凝土框架结构抗震能力分析

6.4.1　结构模型

为进一步定量研究增设翼墙对钢筋混凝土框架结构的加固效果，建立一个纯框架结构

（简称“结构 F”）和一个加翼墙框架结构（简称“结构 WF”）进行 Pushover 分析。结构 F 为 7 层，层高 3.6m，总高度 25.2m，为 3 榀 2 跨框架，平面图如图 6-5a）所示。结构 WF 除中间榀增设翼墙加固外，其余结构参数与结构 F 完全相同，其翼墙布置依照第 2 章北川盐务局宿舍楼底层框架，平面图如图 6-5b）所示。长轴向梁截面尺寸为 450mm × 240mm，短轴向截面尺寸为 400mm × 200mm，柱截面尺寸为 500mm × 400mm，楼板厚 150mm。模型采用 C35 混凝土，纵筋采用 HRB335。主要结构构件配筋图见图 6-6。

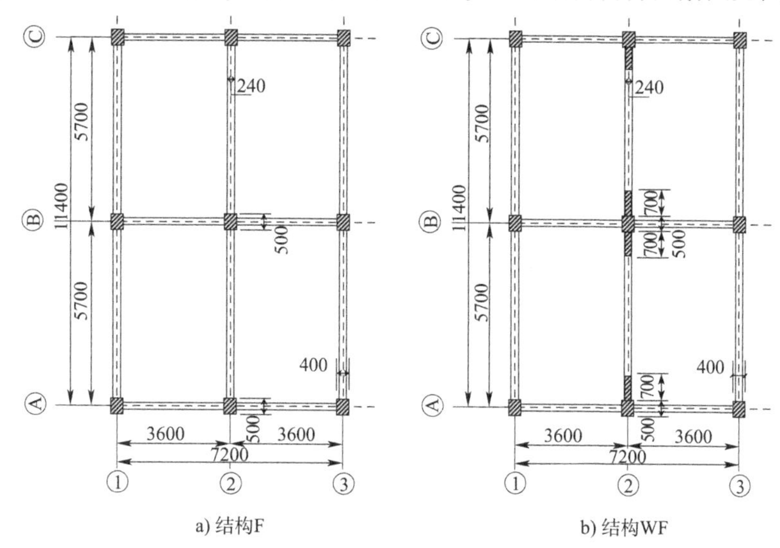

图 6-5　结构平面图（尺寸单位：mm）

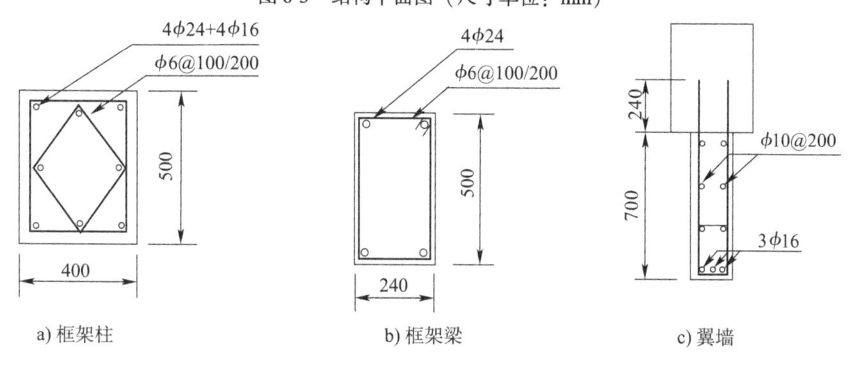

图 6-6　主要结构构件配筋图（尺寸单位：mm）

6.4.2　分析软件

采用结构专用有限元分析程序 IDARC[9-10] 对模型进行建模分析。分析程序中，采用等效剪切弯曲弹簧的宏观有限元单元模型模拟框架梁柱，每根梁、柱为一个单元，通过在端部设置刚域来模拟节点区刚度。由于翼墙高宽比大，类似于框架柱，所以也采用等效剪切弹簧模拟。采用 Park 三参数模型模拟恢复力模型，包括三折线的骨架曲线、刚度、强度退化系数和捏缩效应系数，综合确定混凝土构件的滞回规则。图 6-7 为刚度、强度退化和捏缩效应示意。图 6-8 为程序中定义的混凝土和钢筋材料本构关系。

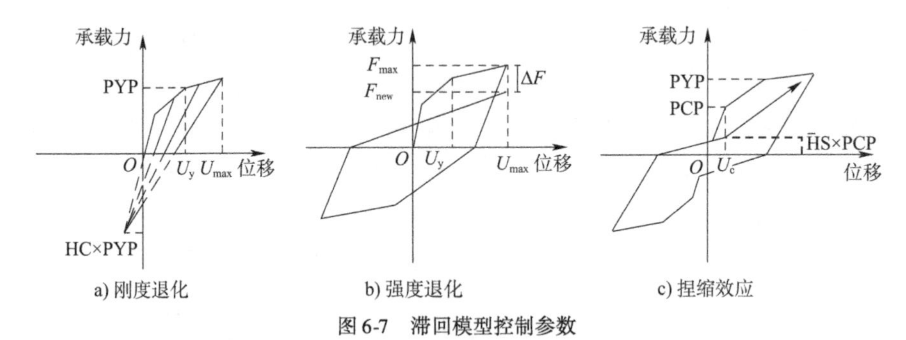

图 6-7　滞回模型控制参数

PCP-开裂荷载；PYP-屈服荷载；U_c-开裂位移；U_y-屈服位移；U_{max}-极限位移；F_{max}-极限荷载；F_{new}-再加载荷载；ΔF-承载力退化幅度；HC-刚度退化系数；HS-捏缩效应系数

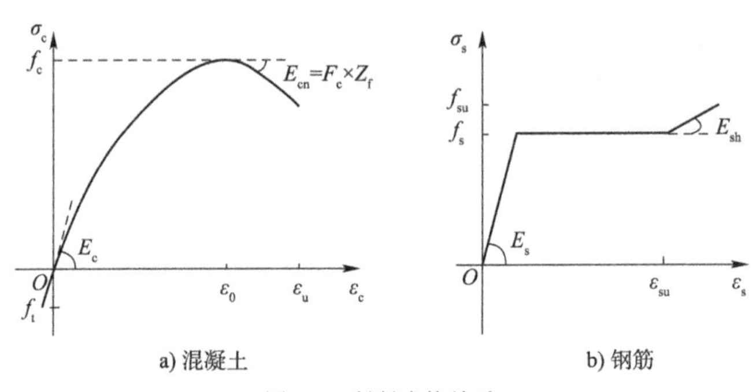

图 6-8　材料本构关系

f_c-无约束抗压强度；E_c-弹性模量；ε_0-最大强度对应的应变；f_t-受拉开裂时的应力；ε_u-受压极限应变；F_c-无约束抗压强度；Z_f-定义下降段坡度的参数；E_{cn}-下降段弹性模量；f_s-屈服强度；f_{su}-极限强度；E_s-弹性模量；E_{sh}-应变硬化模量；ε_{su}-硬化起点对应的应变

6.4.3　Pushover 分析

采用倒三角侧力模式对结构 F 和结构 WF 进行 Pushover 分析[11-13]，设定计算终点为结构最大层间位移角达到 1/50，得到两个结构的 Pushover 曲线，如图 6-9 所示。图中，曲线终点对应的基底剪力为结构极限承载力，此时结构 F 最大顶点位移为 298.5mm，对应基底剪力为 865kN；结构 WF 最大顶点位移为 363.6mm，对应基底剪力为 1394kN。结构 WF 的极限承载能力比结构 F 提高了 61%。达到极限承载力时，结构 WF 的能力曲线所包围的面积为 449kN · m，结构 F 的能力曲线所包围的面积为 215kN · m。加翼墙后推覆至计算终点，耗能增加了 1.08 倍，所增加翼墙截面面积为纯框架柱面积的 37%。综上可知，翼墙框架体系中的翼墙可以分担部分水平地震剪力，从而使得结构极限承载力大大提高，其作为首先屈服的耗能构件，耗散地震能量，提高了结构延性。

对两个结构模型进行静力弹塑性分析得到的各层剪力与层间位移角曲线见图 6-10。为将推覆过程中相同时刻各层层间变形情况做对比，将图中各曲线对应的点用粗线连接。选取的 3 个代表工况分别为结构最大层间位移角为 1/550、1/100、1/50（计算终点）。由

图 6-10a) 可知，当推覆力较大，纯框架结构屈服后，第 2、3 层层间位移突然加大，底部层间剪力进入平台段，导致结构上部层间位移角不再增加，限制了结构的整体变形能力；增加翼墙的结构 WF 的层间剪力整体得到提高，且各层层间变形均匀，避免底部过早出现薄弱层而限制上部结构耗能和变形，提高了结构的整体变形能力。

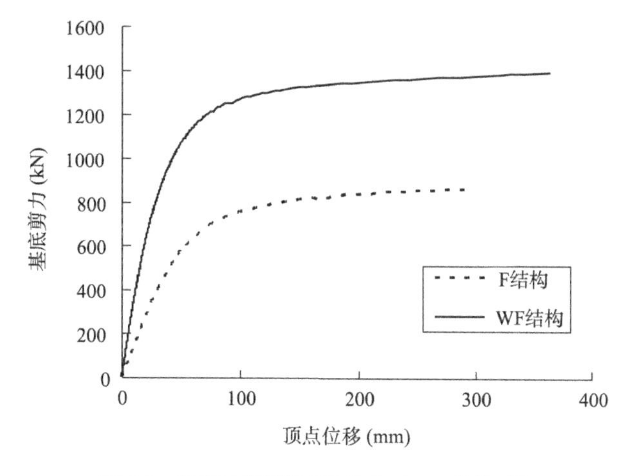

图 6-9　结构 F 和结构 WF 的 Pushover 曲线对比

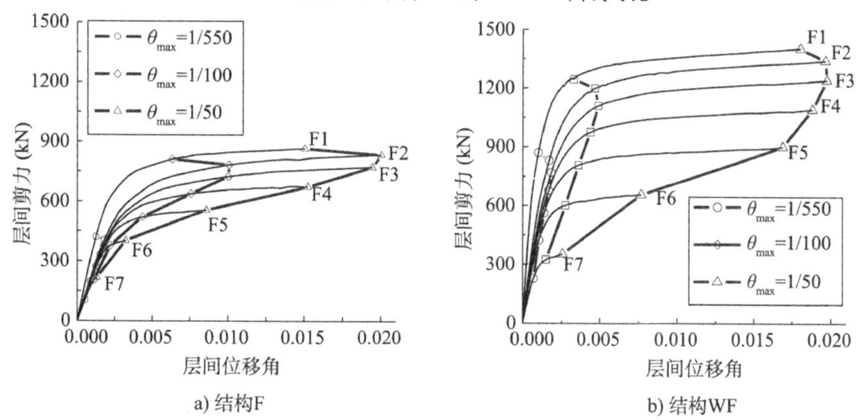

图 6-10　两个结构各层剪力-层间位移角曲线（F1 ~ F7 为楼层编号）

推覆分析中的塑性铰出铰顺序见图 6-11，将两个模型在最大层间位移角达到 1/50 过程中出现塑性铰的顺序按照编号大小列于图中。为便于查看，将模型最先出现的 30 个塑性铰按顺序用空心三角形、空心正方形、空心圆形表示（10 个一组），剩余的塑性铰用实心圆形表示。由图 6-11a）可知，结构 F 依次在首层柱底、首层梁端、底部第 1 和第 2 层其余的柱端、梁端出现塑性铰，底部第 1、2 层边榀过早在柱两端出铰，使得损伤无法向上部楼层发展，造成明显的层屈服机制。结构 WF 首先在底层中间加翼墙榀柱底出铰，随后主要在中间榀出现梁铰，并且逐步向上发展，随后边榀中柱两端也出现柱铰。在破坏前期，翼墙的损伤耗能和进一步的屈服将极大地减轻框架柱的损伤，延后或避免柱端塑性铰的发展。与结构 F 相比，结构 WF 所加翼墙分担更多的地震剪力，能够减轻其余纯框架柱的破坏，同时不易形成层屈服机制，而是使得损伤能够向上部结构发展，形成整体屈服机制。

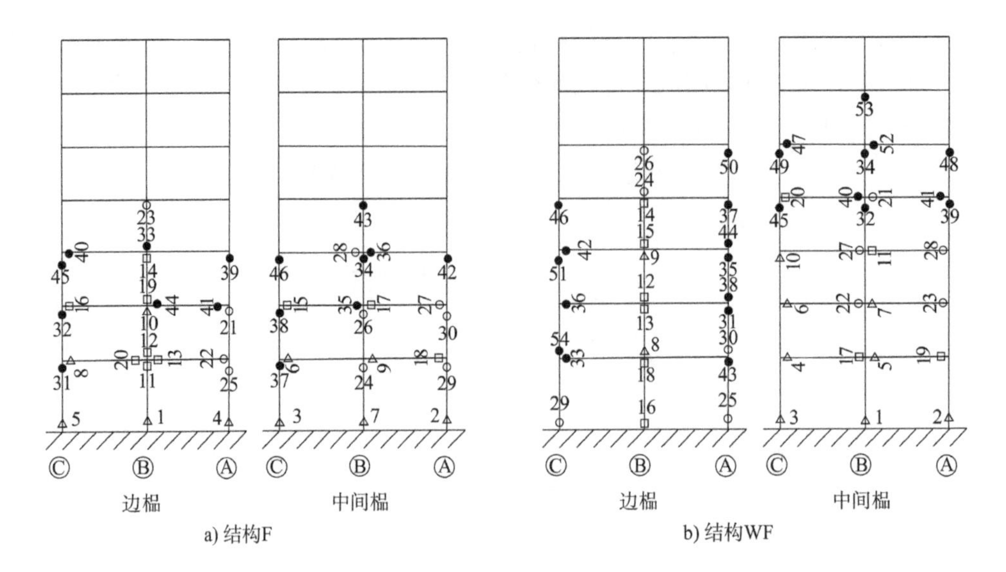

a) 结构F　　b) 结构WF

图 6-11　Pushover 分析塑性铰出铰顺序

6.5　本 章 小 结

本章介绍了翼墙加固钢筋混凝土框架结构体系的基本概念和抗震机制，建立了一个纯框架结构和一个翼墙加固框架结构的数值模型进行 Pushover 分析。分析结果表明，增设翼墙后结构的抗侧极限承载力、延性及耗能能力获得大幅度增强，可以改善钢筋混凝土框架结构的变形模式，使层间位移角更均匀，并可使钢筋混凝土框架结构更易出现梁铰机制损伤，避免柱两端屈服后形成薄弱层，使得损伤能进一步向结构上部楼层传递，形成整体屈服模式。

本章参考文献

[1] 王财权．单跨框架结构翼墙加固抗震性能研究[D]．哈尔滨：中国地震局工程力学研究所，2012.

[2] 中华人民共和国住房和城乡建设部．混凝土结构设计规范：GB 50010—2010[S]．北京：中国建筑工业出版社，2010.

[3] 中华人民共和国住房和城乡建设部．高层建筑混凝土结构技术规程：JGJ 3—2010[S]．北京：中国建筑工业出版社，2010.

[4] 缪志伟．钢筋混凝土框架剪力墙结构基于能量抗震设计方法研究[D]．北京：清华大学，2009.

[5] 中华人民共和国住房和城乡建设部．混凝土异形柱结构技术规程：JGJ 149—2006[S]. 北京：中国建筑工业出版社，2006.

[6] 肖建庄，黄珏，李杰，等．异型柱框架结构抗震设计研究[J]. 地震工程与工程振动，2003，23(2)：85-88.

[7] 中华人民共和国住房和城乡建设部．建筑抗震加固技术规程：JGJ 116—2009[S]. 北京：中国建筑工业出版社，2009.

[8] 杨伟松，郭迅，许卫晓，等．翼墙-框架结构振动台试验研究及有限元分析[J]. 建筑结构学报，2015，36(2)：96-103.

[9] PARK Y J, REINBORN A M, KUNNATH S K. IDARC: inelastic damage analysis of reinforced concrete frame-shear-wall structures[R]. Buffalo: State University of New York at Buffalo, 1987.

[10] VALLES R E, REINBORN A M, KUNNATH S K, et al. IDARC 2D version 4.0: a program for the inelastic damage analysis of buildings[R]. Buffalo: State University of New York at Buffalo, 1996.

[11] CHOPRA A K, GOEL R K, CHINTANAPAKDEE C. Evaluation of a modified MPA procedure assuming higher modes as elastic to estimate seismic demands[J]. Earthquake Spectra, 2004, 20(3): 757-778.

[12] CHOPRA A K, GOEL R K. A modal pushover analysis procedure for estimating seismic demands for buildings[J]. Earthquake Engineering & Structural Dynamics, 2002, 31(3): 561-582.

[13] CHOPRA A K, GOEL R K. A modal pushover analysis procedure to estimate seismic demands for unsymmetric-plan buildings[J]. Earthquake Engineering & Structural Dynamics, 2004, 33(8): 903-927.

第7章

翼墙加固钢筋混凝土框架结构振动台试验研究

7.1 引　　言

在钢筋混凝土框架结构中增设翼墙的抗震加固方法，因布置灵活、施工方便而得到广泛应用。对汶川地震老北川县城（地震烈度Ⅺ度区）的震害调查显示，北川盐务局宿舍楼作为强震中表现较好的底层框架结构，采取了增设翼墙的抗震措施，损伤分布均匀，且形成梁铰破坏模式。而前文研究的倒塌结构的破坏模式为底层薄弱、因柱失效而倒塌，翼墙-框架结构体系将为其抗地震倒塌提供应对措施。

加设翼墙属于结构体系上的改变。对翼墙加固钢筋混凝土框架结构体系的抗震性能的研究相对较少[1]。第6章对翼墙加固钢筋混凝土框架结构体系的基本概念、设计目的进行了概述，并对北川盐务局宿舍楼结构的抗震性能进行了数值模拟分析，在此基础上参照北川盐务局宿舍楼底层框架结构设计了一个缩尺比为1:4的翼墙加固框架结构模型，进行了地震模拟振动台试验来验证翼墙加固钢筋混凝土框架结构体系在大震作用下的抗震效果，深入研究新形成的翼墙加固钢筋混凝土框架结构体系的动力反应、抗震机理、破坏模式等，分析增设翼墙对框架结构抗震性能的改善作用。

7.2 模型设计及施工过程

7.2.1 模型配筋及平立面设计

以北川盐务局宿舍楼（7层）的底层为设计参考原型，设计了翼墙加固钢筋混凝土框架结构模型。为排除模型因双向地震作用而受到的复杂影响，突出考察翼墙对结构抗震性能的影响，试验拟采取单向地震动输入，因此模型采用单向加翼墙设计，模拟原型结构横向的翼墙设计。模型柱网尺寸及配筋参考原型结构，设计为三榀框架，在中间榀加翼墙。模型平、立面图及配筋如图7-1所示。

模型Ⓐ、Ⓑ、Ⓒ轴方向梁截面尺寸为60mm×125mm，①、②、③轴方向梁截面尺寸为50mm×100mm。图7-1d）中翼墙端部钢筋直径为4mm，其余直径为3.5mm。图7-1f）

中，角部纵筋直径为 6mm，棱形箍内边部纵筋直径为 4mm，梁端部上方设置负弯矩加筋，直径为 6mm。图 7-1e）左侧梁箍筋加密长度为 200mm，图 7-1e）右侧梁端加密长度为 150mm；柱根部加密长度为 300mm，柱上端加密长度为 125mm。

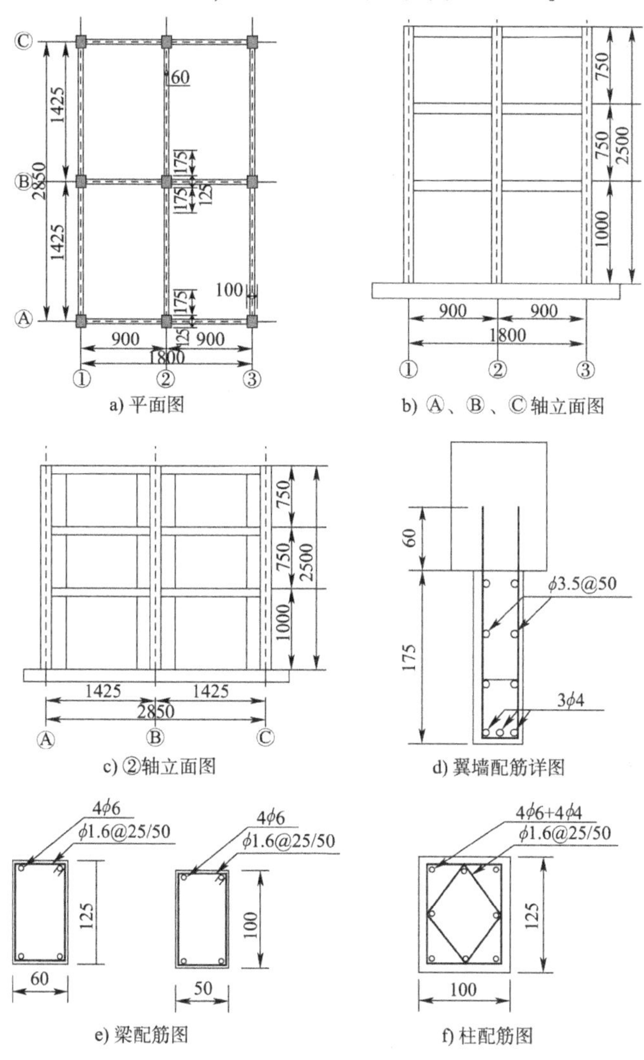

图 7-1　模型平、立面及配筋图（尺寸单位：mm）

模型由镀锌铁丝及微粒混凝土制成，按照规范预留了混凝土试块及钢筋作为材料力学性能试验试件。因采用的主要纵筋直径 6mm 是与二级螺纹钢类似的刻痕钢丝，材料强度较低，所以采用等配筋率方法进行配筋设计。模型配筋按照第 6 章中的原型配筋缩尺得到，原型结构配筋通过 PKPM 设计软件经计算获得。

7.2.2　模型材料性能试验

试验模型采用的微粒混凝土按照 1∶2.5∶3.5 的配合比（水泥∶石∶砂）制成，水灰比为 0.7，水泥强度及石子粒径与第 3 章试验模型相同。微粒混凝土具有同原型结构采用的混凝土相似的力学性能并且弹性模量较小，容易满足相似关系要求[2]。施工中，拌制每一层楼板的混凝土时预留1组立方体（150mm×150mm×150mm）和1组棱柱体试块，在养护28d后分别进行立方体抗压强度试验和轴心抗压强度试验。试验所采用仪器及过程参见第3章，此处不再详述。微粒混凝土材料性能试验结果见表7-1。

微粒混凝土强度（单位：MPa） 表7-1

楼　层	立方体抗压强度f_{cu}	均　值
1	15.64	15.85
	17.73	
	14.17	
2	N. A.	14.52
	N. A.	
	14.52	
3	19.67	16.23
	15.89	
	16.23	

模型梁、柱钢筋选用直径为3.5mm、4mm、5mm、6mm的镀锌钢丝，箍筋为直径1.6mm的铁丝；其中，6mm直径的钢筋为刻痕钢丝，其余为光圆钢丝。采用MTS Model E45万能试验机，根据文献［3］中的方法进行钢筋力学性能试验，过程及数据曲线参考第3章，此处不再赘述。得到各种钢筋的屈服应力和抗拉强度值，见表7-2。

钢 筋 强 度 表7-2

钢筋直径（mm）	屈服强度f_y（MPa）	f_y均值（MPa）	抗拉强度f_{su}（MPa）	f_{su}均值（MPa）
6.0	479	436	518	511
	462		529	
	470		498	
	464		502	
4.0	214	221	268	280
	198		260	
	227		299	
	244		291	
3.5	228	231	291	300
	207		273	
	249		314	
	242		322	
1.6	100	110	219	215
	111		212	
	N. A.		N. A.	
	118		214	

7.2.3　试验相似关系设计

模型本身质量包括结构构件质量。根据相似比，施加人工质量用于模拟忽略的活载及非结构构件的质量。估算本次试验所取的原型结构的三榀的质量，按原型结构为 7 层，原型结构构件总质量和活载为 m_p，非结构构件总质量为 m_{op}，$m_p + m_{op} = 574t$，长度相似比 $l_r = 0.25$，根据混凝土材料性能试验确定弹性模量相似比 $E_r = 0.50$，估算模型质量 $m_m = 3.0t$，模型制作所用底板质量 $m_b = 2.0t$。根据振动台试验相似理论，若采用人工质量模型，则所需人工质量 m_a 为：

$$m_a = E_r l_r^2 (m_p + m_{op}) - m_m = 15t \tag{7-1}$$

则台面承受的质量 M 为：

$$M = m_m + m_a + m_b = 20t \tag{7-2}$$

大于试验设备的最大承载能力 15t，故试验采用的是欠人工质量模型。模型总计施加人工质量 9t，第 1、2 层楼板上各均匀分布 1.5t，第 3 层楼板加配重铁 6t。各物理量的相似比可根据一致相似率推导而出，见表 7-3。

主要相似关系　　表 7-3

物理量	相似比	模型/原型	备注
长度	l_r	0.25	独立量
弹性模量	E_r	0.50	独立量
等效密度	$\bar{\rho} = \dfrac{m_m + m_a + m_{om}}{l_r^3 (m_p + m_{op})}$	1.34	受试验条件限制的独立量
应力	E_r	0.50	导出量
时间	$l_r \sqrt{\bar{\rho}_r / E_r}$	0.40	导出量
变位	l_r	0.25	导出量
速度	$\sqrt{E_r / \rho_r}$	0.62	导出量
加速度	$E_r / (l_r \bar{\rho}_r)$	1.54	导出量
频率	$\sqrt{E_r / \bar{\rho}_r} / l_r$	2.50	导出量

7.2.4　模型施工过程

模型柱纵筋用膨胀螺栓通过焊接与底座连接［图 7-2a)］。翼墙纵筋同柱一起绑扎。在加翼墙柱及纯框架柱上、中、下共 3 个高度预先粘贴钢筋应变片，应变片在柱弯曲方向的对称纵筋上成对出现。翼墙及柱钢筋绑扎情况见图 7-2b)。钢筋绑扎及混凝土浇筑见图 7-2b)~h)。模型养护 28d 以后拆模（图 7-3）。粘贴竖向柱混凝土应变片之后，在第 1、2、3 层楼板上采用铁砂及铁块施加人工配重（图 7-4）。

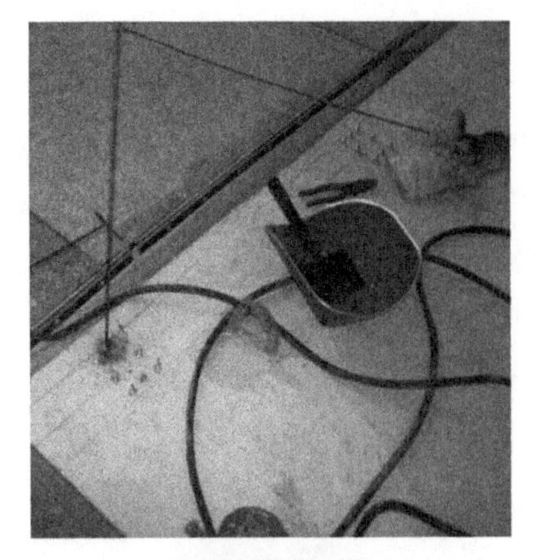

a) 纵筋连接膨胀螺栓

b) 柱根箍筋加密及翼墙绑扎情况

c) 柱双侧加翼墙钢筋绑扎

d) 底层支模板

e) 第1层浇筑完成

f) 第2层浇筑完成

g) 第3层钢筋绑扎

h) 模型全部浇筑完成

图 7-2　模型施工过程

图 7-3　养护拆模后的模型

图 7-4　模型加配重

7.3　振动台试验方案

7.3.1　试验设备性能及传感器布置

试验在防灾科技学院的结构工程试验室中进行，采用电液伺服驱动的双向三自由度模拟地震振动台，振动台参数见第 3 章。在振动台试验前及各工况地震动输入后，测试模型的基频。地震动输入过程中，测试模型的位移、加速度及各关键位置应变情况。采用的传感器包括 941b 型加速度传感器、SW-10 型拉线位移计。使用 2 台日本共和 Kyowa711B 型动态应变仪、北戴河 BZ2668 型动态应变仪进行应变信号放大转换。在振动台试验和模态采集中，使用 Spectral Dynamics Siglab20-42 型数据采集仪、8 通道 COUGAR 采集仪及秦皇岛信恒电子生产的 32 通道数采系统等采集数据。应变采集系统见图 7-5。台面加速度计见图 7-6。拉线位移计见图 7-7。应变片设置见图 7-8。

图 7-5　应变采集系统

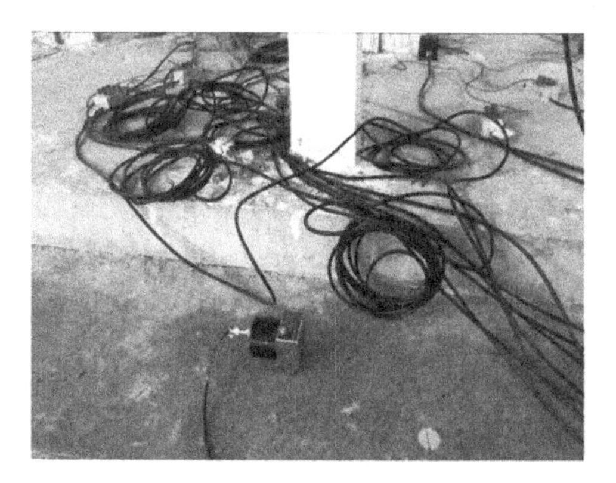

图 7-6　台面加速度计设置

图 7-7　拉线位移计

图 7-8　应变片设置

模型沿Ⓐ、Ⓑ、Ⓒ轴方向振动。4 个 SW-10 型拉线位移计布置在模型②轴线Ⓐ柱侧面，分别位于底座及每层楼板，用于检测模型各层的位移，见图 7-9 中三角形标记的位置。加速度计布置在图 7-10 中的 D、E、F 测点，总计 8 个，底板及顶层楼板分别布置 3 个，第 2、3 层楼板上仅在 E 处各布置 1 个，用于检测结构每层的加速度反应，通过顶层 D、F 处的传感器数据可得到扭转频率。

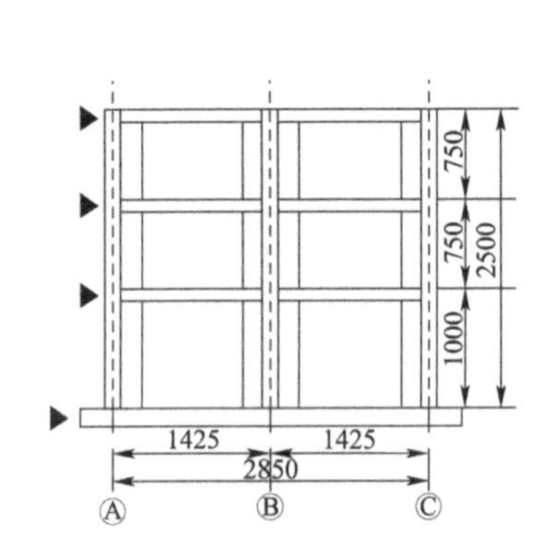

图 7-9　拉线位移计设置方案（尺寸单位：mm）

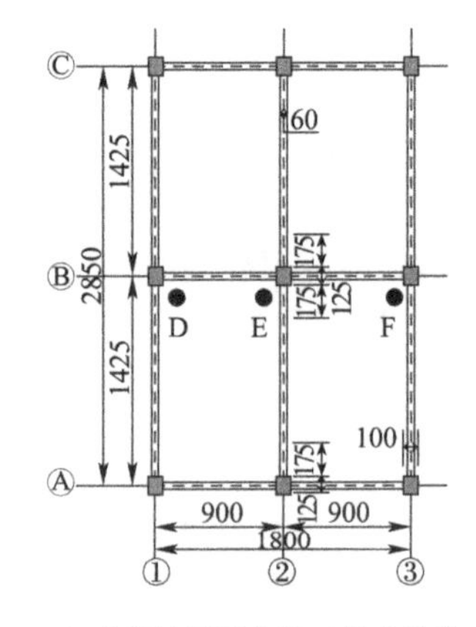

图 7-10　加速度计设置方案（尺寸单位：mm）

另外，在模型底层的柱端、柱底以及翼墙处布置了若干处应变片，布置位置详见本章应变数据结果分析部分。

7.3.2　振动台试验加载工况

为考察翼墙加固钢筋混凝土框架结构体系的抗震性能，需排除单一频谱成分地震动的偶然作用，因此选择频谱成分丰富的 El-Centro 地震波作为输入地震动，选用其南北向记录，时长为 53.73s，峰值为 341.7gal。按照时间相似比，压缩为原波时长的 2/5。试验输入的加速度时程曲线、傅立叶幅值谱及加速度反应谱见图 7-11，反应谱的两个主要峰值为 0.106s（9.43Hz）和 0.226s（4.42Hz）。台面地震动为单向水平输入。为考察翼墙加固钢筋混凝土框架结构在各种强度地震动下的抗震性能，设置输入工况及对应的规范规定的地震动强度，见表 7-4。

在 T8 工况后，结构刚度下降严重，再次输入地震动，结构上层放大作用显著降低，损伤不再有明显发展，故不再输入更大加速度峰值的地震动。

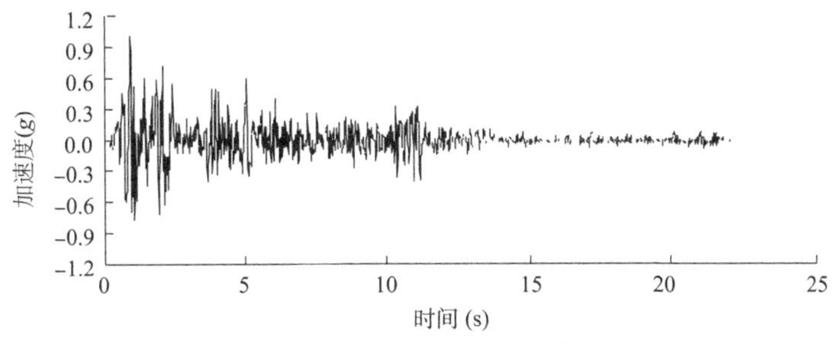

a) El-Centro地震波N-S向加速度时程

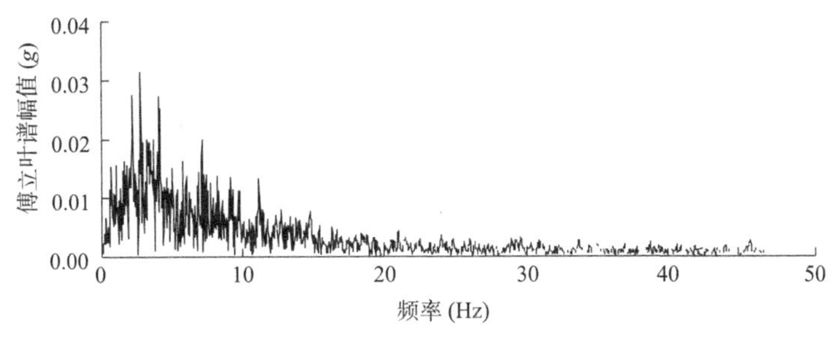

b) El-Centro地震波N-S向傅立叶幅值谱

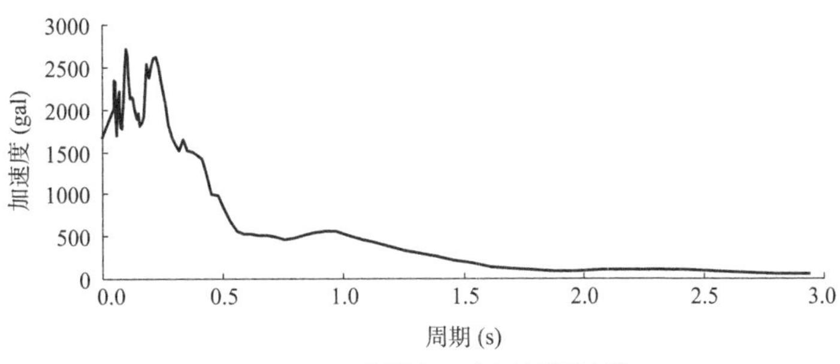

c) El-Centro地震波N-S向加速度反应谱

图 7-11　试验输入的地震动

地震动输入工况　　表 7-4

工　况	PGA（g）	折合原型 PGA（g）	备　注
T1	0. 15	0. 10	7 度中震（0. 10g）
T2	0. 23	0. 15	7 度中震（0. 15g）
T3	0. 37	0. 24	略高于 7 度大震（0. 10g）
T4	0. 50	0. 32	7 度大震（0. 15g）
T5	0. 60	0. 40	8 度大震（0. 20g）
T6	0. 85	0. 57	低于 9 度大震
T7	1. 00	0. 67	高于 9 度大震
T8	1. 20	0. 78	远高于 9 度大震

7.4 试验模型宏观破坏及模态测试结果

7.4.1 试验模型宏观破坏

在输入 T1、T2 工况地震动后，模型最大层间位移角 $\theta_{max}=1/250$，表面未发现可见裂缝。在 T3 工况地震动激励下，模型 $\theta_{max}=1/143$，②轴第 1 层翼墙首先出现根部轻微压碎现象，各层梁端、翼墙同梁连接端部出现细小裂缝，见图 7-12。破坏出现于翼墙及加翼墙轴的梁端，裂缝宽度几乎不可见，且各层裂缝开展部位一致。①、③轴仅个别梁端有细小裂缝，模型柱顶及柱根未见裂缝。

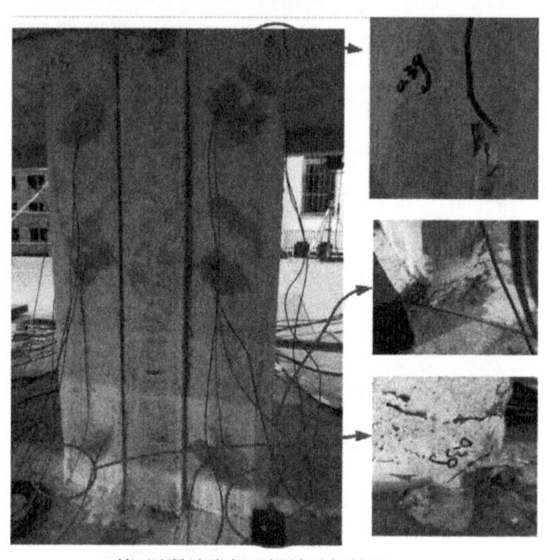

a) 第1层翼墙脚部及梁端破坏情况

b) 第1层边柱翼墙裂缝

c) 第2层梁端与翼墙裂缝开展

d) 第3层梁端与翼墙裂缝开展

图 7-12 模型破坏情况（PGA = 0.37g）

输入 T4 工况地震动后，模型 $\theta_{max}=1/111$，各层梁端及翼墙上裂缝进一步开展，数量增加［图 7-13a)、b)］，第 1 层②Ⓑ柱柱根开始出现裂缝［图 7-13a)］，未加翼墙框架柱顶部及梁端出现细微裂缝［图 7-13c)］，第 1 层②轴中央翼墙脚部进一步破坏，钢筋出露［图 7-13a)］。

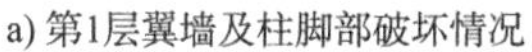

a) 第1层翼墙及柱脚部破坏情况

b) 第2层梁端与翼墙上部裂缝

c) 未加翼墙柱柱顶轻微裂缝

图 7-13　模型破坏情况（PGA = 0.5g）

在输入 T5 及 T6 工况地震动后，模型 $\theta_{\max} = 1/83$，第 1 层中央翼墙压碎区域扩大到整个截面，绝大多数梁柱节点区梁端出现裂缝且数量增加，各层梁上裂缝加宽，第 1 层边柱所加翼墙及柱根出现混凝土压碎（图 7-14）。

a) 第2层梁端裂缝发展

b) 第1层②轴边柱及翼墙压碎

图 7-14　模型破坏情况（PGA = 0.85g）

在输入 T7、T8 工况地震动后，模型 $\theta_{max}=1/50$，第 1 层②轴翼墙底部及柱根裂缝全部在横向贯通，翼墙根部压溃、钢筋屈曲，梁端裂缝密集［图 7-15a）、b）］；②轴边柱柱根及翼墙根部破坏严重，翼墙压溃区域大于柱根压碎区［图 7-15c）］。①、③轴柱大多出现柱脚压碎，柱端裂缝未见加剧和增多，梁上裂缝增多［图 7-15d）］。第 2、3 层梁端及翼墙顶部裂缝继续发展［图 7-15e）、f）］。

a) 第1层整体破坏情况

b) 第1层中柱翼墙裂缝贯通、钢筋屈曲

c) ②轴边柱及所加翼墙根部破坏情况

d) 第1层纯框架柱柱根破坏

e) 第2层翼墙及梁端裂缝发展

f) 第3层破坏情况

图 7-15　模型破坏情况（PGA = 1.20g）

总结模型在试验中的宏观破坏过程可知，损伤首先出现在第 1 层翼墙根部，随后沿梁端开展。裂缝分布在梁与翼墙相交处，主要裂缝出现在梁上，翼墙上端角部出现裂缝和压碎现象。框架柱的损伤出现在相当于原型结构遭受 8 度大震之后，且柱端细小裂缝基本未发展，仅在柱底有混凝土压碎现象。加翼墙榀框架的柱底损伤较重，未加翼墙的纯框架柱得到保护，而加翼墙榀框架柱由于翼墙宽度大、抗侧刚度大，不易成铰。最终，损伤在各楼层分布较均匀，第 1 层没有明显的破坏集中现象。

输入 8 个工况后，模型的总体裂缝分布如图 7-16 所示，梁端出现大量裂缝，加翼墙榀的框架柱脚发生压碎，框架柱端未发现明显破坏，损伤在各层分布较均匀，基本实现了“强柱弱梁”的损伤模式，且耗能充分，未出现薄弱层。

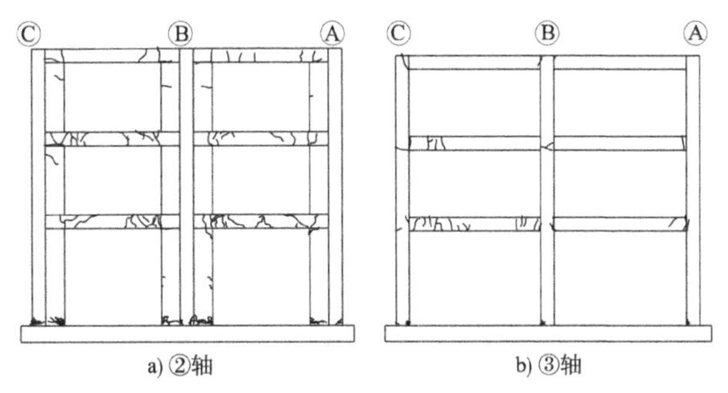

a) ②轴　　b) ③轴

图 7-16　模型最终破坏裂缝示意图

试验模型与原型结构北川盐务局宿舍楼的底层震害基本一致，均在翼墙端部及根部出现较严重的混凝土压溃、钢筋出露现象，梁端形成较多竖向弯曲裂缝，柱端基本未破坏，柱脚轻微压碎。这说明增设翼墙能够有效地保护框架柱，增加了一道抗震防线，翼墙加固框架结构能够达到其设计的抗震效果。

7.4.2　模型模态测试结果

在模型制作完成后及各工况输入后，均采用环境激励法测试模型在各阶段的自振频率。具体测试方法与第 3 章相同。测试通道共 4 个，通道 1、2、3、4 的测点分别对应图 7-10第 1 层楼面 E 位置，第 2 层楼面 E 位置和第 3 层楼面的 D、F 位置。选取 3 个工况基频测试的自功率谱展示于图 7-17。

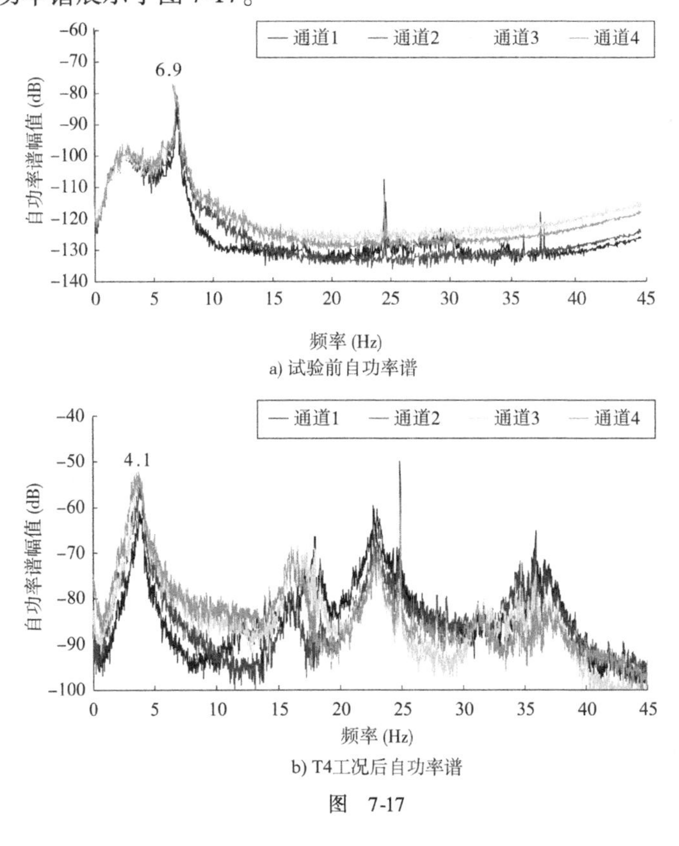

a) 试验前自功率谱

b) T4工况后自功率谱

图　7-17

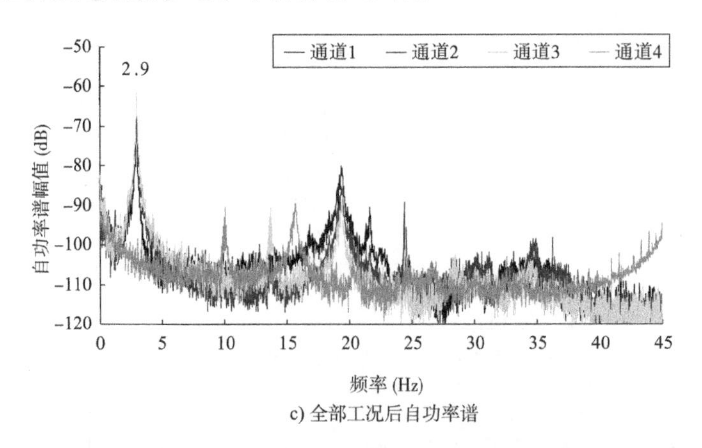

c) 全部工况后自功率谱

图 7-17 模型基频测试自功率谱

表 7-5 和图 7-18 给出了模型基频随输入 PGA 强度增加的衰减规律。模型基频在开始阶段下降较快，随着损伤积累，衰减速度放缓；在 7 度大震工况结束后，基频降低为初始基频的 70%；在 T8 工况结束后，基频仅为初始基频的 42%。

模型基频变化　　表 7-5

项　目	试验前（初始基频）	输入 PGA							
		0.15g	0.23g	0.37g	0.50g	0.60g	0.85g	1.00g	1.20g
基频（Hz）	6.9	5.8	5.4	4.8	4.1	3.9	3.6	3.1	2.9
与初始基频比（%）	100	84	78	70	59	57	52	45	42

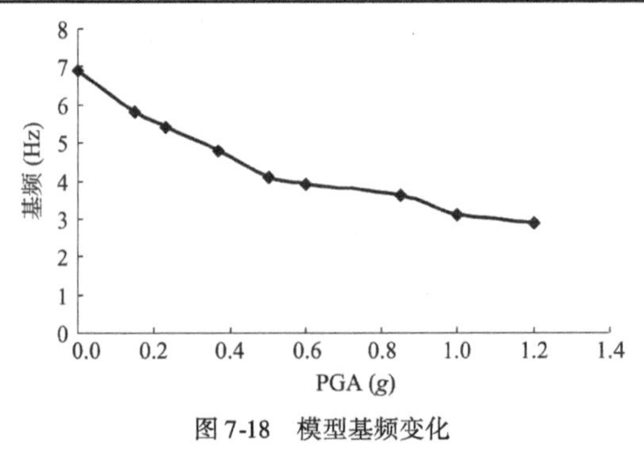

图 7-18 模型基频变化

7.5 模型加速度反应及位移反应

7.5.1 模型加速度反应

通过各层布置的加速度传感器（布置方案见图 7-10），测得 T1 ~ T8 工况中各层的加速度反应峰值及所对应的放大倍数，见表 7-6。不一一列举输入及反应的加速度时程曲线，选取 T3、T8 工况的台面输入及各楼层加速度反应时程曲线展示于图 7-19、图 7-20。从 T3 工况第 2、3 层加速度反应时程可以看出，结构滤波作用明显，加速度反应以与自身振动成分相近的频率为主，高频成分不放大；T8 工况后模型损伤严重，结构自振频率下降，结构自身频率成分复杂，且与输入地震动频谱相差较大，第 2 层及第 3 层仍保留了地震动的高频成分。

加速度反应峰值和相应的放大倍数　　表 7-6

工　况	PGA（g）				放大倍数		
	台面	第 1 层	第 2 层	第 3 层	第 1 层	第 2 层	第 3 层
T1	0. 15	0. 19	0. 34	0. 39	1. 25	2. 29	2. 62
T2	0. 23	0. 26	0. 47	0. 56	1. 13	2. 04	2. 43
T3	0. 37	0. 44	0. 54	0. 72	1. 19	1. 46	1. 95
T4	0. 50	0. 60	0. 66	0. 70	1. 20	1. 32	1. 40
T5	0. 60	0. 62	0. 75	0. 80	1. 03	1. 25	1. 33
T6	0. 85	0. 56	0. 72	0. 85	0. 66	0. 85	1. 00
T7	1. 00	0. 65	0. 74	0. 95	0. 65	0. 74	0. 95
T8	1. 20	0. 80	0. 85	1. 15	0. 67	0. 71	0. 96

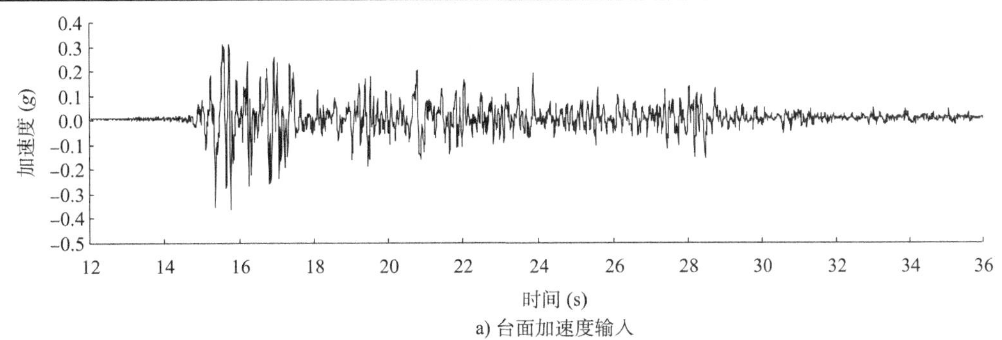

a) 台面加速度输入

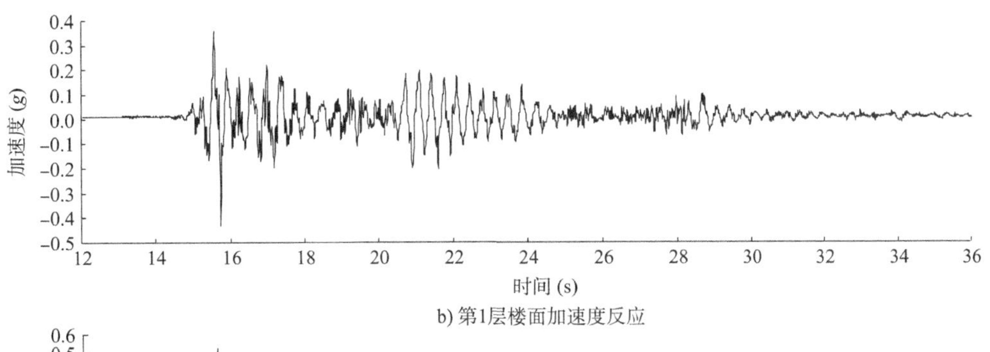

b) 第1层楼面加速度反应

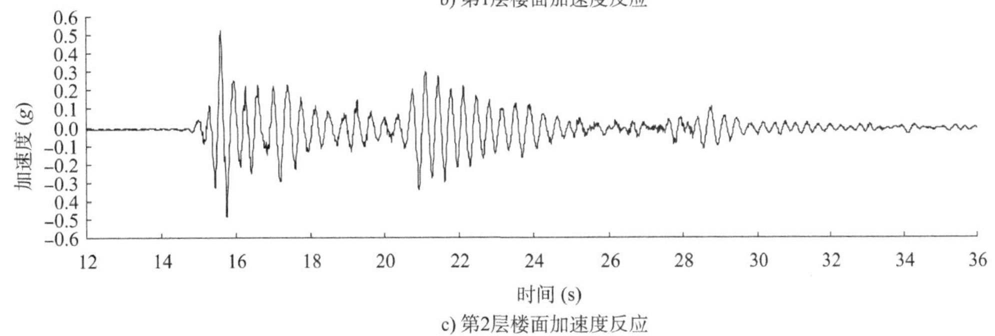

c) 第2层楼面加速度反应

图　7-19

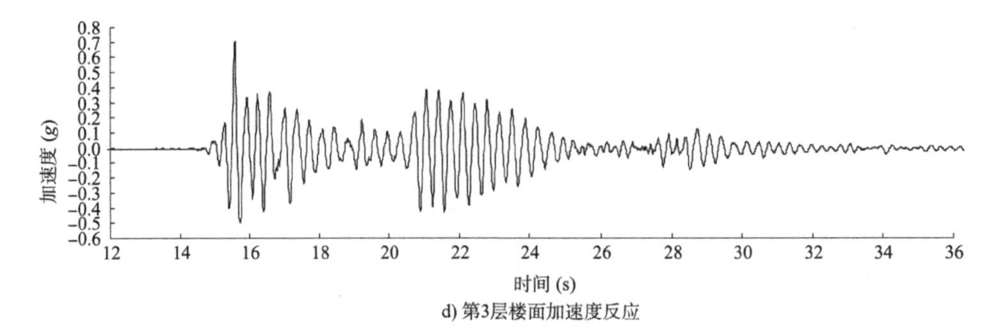

d) 第3层楼面加速度反应

图 7-19 T3 工况模型各楼层加速度时程曲线

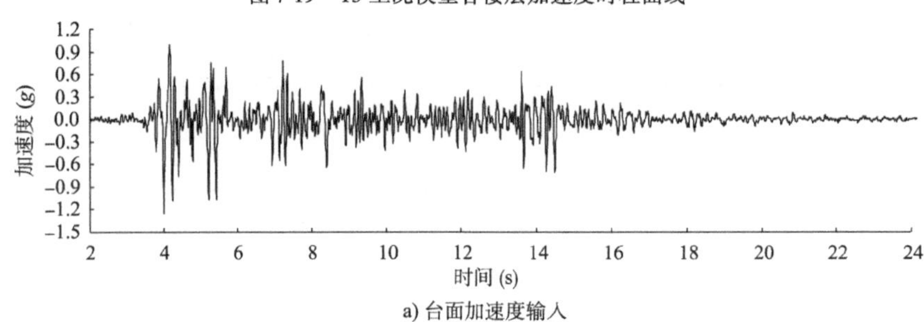

a) 台面加速度输入

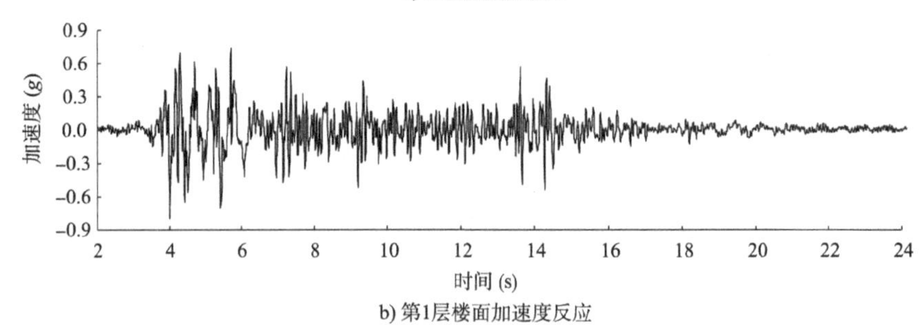

b) 第1层楼面加速度反应

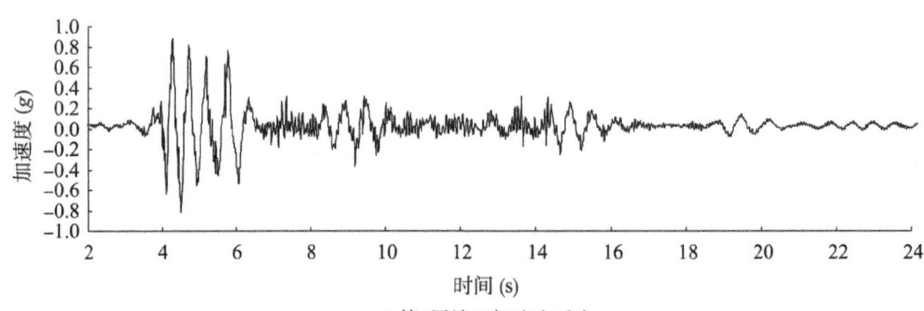

c) 第2层楼面加速度反应

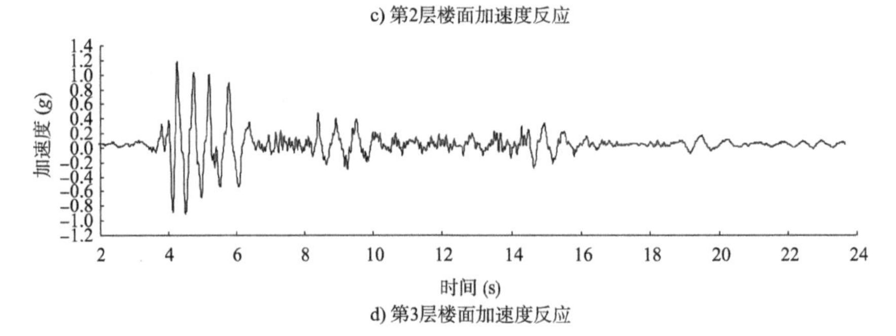

d) 第3层楼面加速度反应

图 7-20 T8 工况模型各楼层加速度时程曲线

表7-6中结构各层加速度放大倍数由式（7-3）定义，第 i 层的加速度放大倍数 A_i 定义为：

$$A_i = \frac{\max\left[\ddot{x}_i(t)\right]}{\max\left[\ddot{x}_g(t)\right]} \tag{7-3}$$

式中：$\ddot{x}_g(t)$ ——台面加速度时程；

$\ddot{x}_i(t)$ ——第 i 层加速度时程。

剪力系数也是反应结构动力特性的重要参数，第 i 层的剪力系数 λ_i 定义为：

$$\lambda_i = \frac{V_{\mathrm{EK}i}}{\sum_{j=i}^{n} G_j} \tag{7-4}$$

式中：$V_{\mathrm{EK}i}$——楼层 i 的层间剪力；

G_j——楼层 j 的重力荷载代表值；

n——总层数。

根据各工况加速度时程，通过以上两式得到各层层间剪力时程，除以各层楼层及其以上层的质量，得到剪力系数的时程曲线，时程曲线最大值见表7-7。

各工况模型层间剪力及剪力系数　　表7-7

工　况	层间剪力（kN）			剪力系数		
	第1层	第2层	第3层	第1层	第2层	第3层
T1	41.1	36.9	29.1	0.39	0.45	0.50
T2	50.2	44.7	39.0	0.47	0.53	0.56
T3	65.9	60.5	48.6	0.57	0.65	0.71
T4	80.2	78.7	64.5	0.67	0.86	0.94
T5	78.8	76.6	62.8	0.68	0.85	0.95
T6	88.0	75.5	63.5	0.71	0.80	0.88
T7	85.4	78.2	64.0	0.75	0.86	0.92
T8	95.9	89.8	75.6	0.83	1.02	1.13

图7-21和图7-22分别给出了模型在不同工况下各层加速度放大倍数和剪力系数随输入地震动强度的变化规律。从图7-21可见，随着输入PGA的增大，模型加速度放大倍数在不断降低，开始阶段下降较快，而后下降速度变缓，这与图7-18中模型基频的衰减规律较为接近，其本质原因都是损伤加重导致模型刚度降低。以顶层加速度放大倍数为例，在7度大震工况结束后，加速度放大倍数降低为T2工况（PGA = 0.23g）的60%；T8工况结束后，加速度放大倍数降低为T2工况的40%。从图7-22可见，剪力系数随着输入PGA的增大而增大，但增大速度随着PGA的增大而降低。在7度大震工况（PGA = 0.5g）后，曲线出现一个较为明显的拐点，表明模型已出现较为严重损伤，这与宏观破坏现象也是较为一致的，此时翼墙脚部压碎区域进一步扩大，底层柱底和多数梁端出现裂缝。此后，剪力系数保持一个缓慢的增长幅度，说明结构能力曲线已经基本进入平台段。

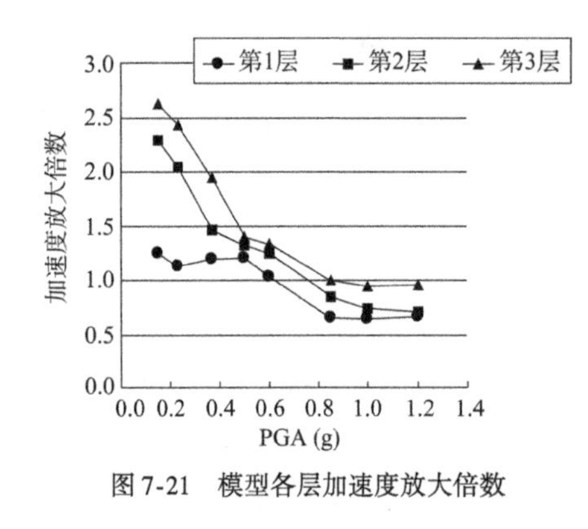

图7-21　模型各层加速度放大倍数

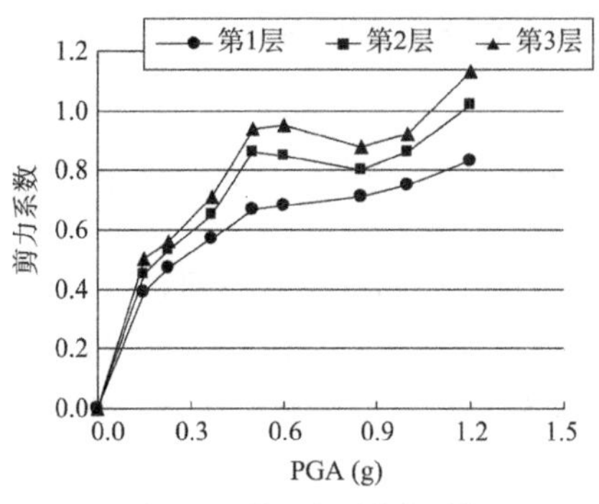

图7-22　模型各层剪力系数

7.5.2　模型位移反应

通过设置在台面及各层楼板中央的拉线位移计测得台面及各层在输入地震动时的绝对位移，通过做差可以得到各层位移反应和层间位移反应时程。T1 工况测得的时程曲线不光滑，位移数值很小，接近拉线位移计最小分辨率，做差获取层间位移的误差较大，所以数值不可用。选取 T3、T8 工况的各层相对台面位移及获得的层间位移反应时程，分别列于图 7-23 与图 7-24。各楼层相对台面位移与层间位移的最大值列于表 7-8。将表 7-8 的层间位移除以对应层高，可以得到最大层间位移角，列于表 7-9。

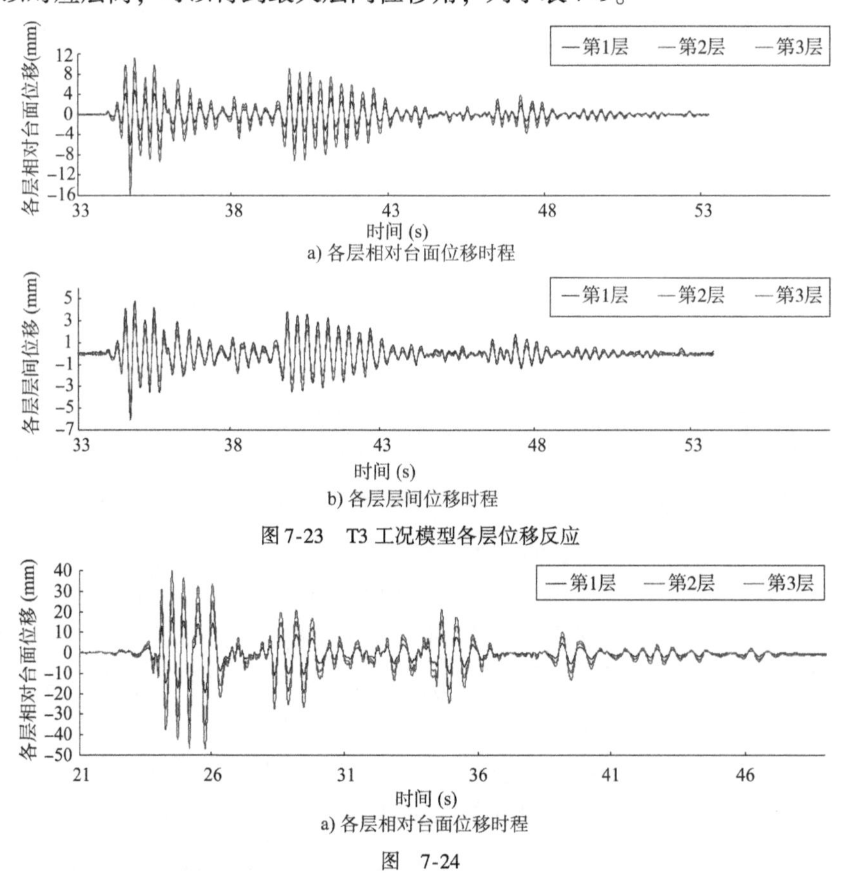

图 7-23　T3 工况模型各层位移反应

图　7-24

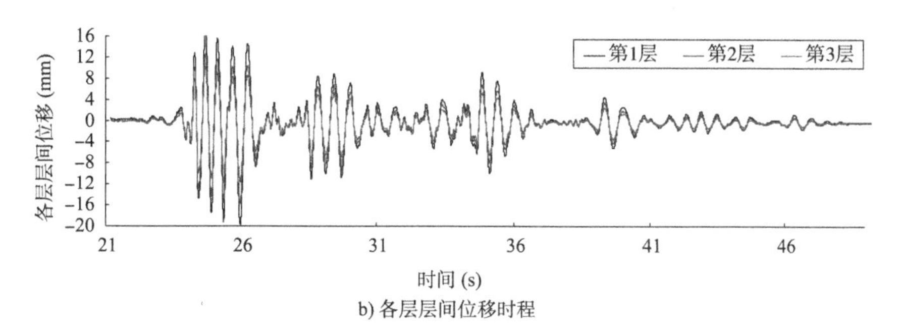

b) 各层层间位移时程

图 7-24　T8 工况模型各层位移反应

各工况模型层间位移及相对位移最大值（单位：mm）　　表 7-8

工　况	层间位移包络值			相对位移包络值		
	第 1 层	第 2 层	第 3 层	第 1 层	第 2 层	第 3 层
T2	5.4	5.1	3.8	5.4	10.5	14.3
T3	6.1	5.2	4.2	6.1	11.3	15.8
T4	8.5	7.0	5.5	8.5	16.3	22.1
T5	8.5	9.3	5.9	8.5	16.2	22.1
T6	10.2	10.0	6.9	10.2	18.9	26.1
T7	17.1	12.7	9.0	17.1	30.2	40.1
T8	20.0	15.0	11.2	20.0	35.0	40.0

各工况模型各楼层最大层间位移角　　表 7-9

楼　层	工　况						
	T2	T3	T4	T5	T6	T7	T8
1	1/185	1/164	1/117	1/117	1/98	1/59	1/50
2	1/250	1/145	1/107	1/81	1/75	1/59	1/50
3	1/303	1/177	1/137	1/127	1/109	1/83	1/67

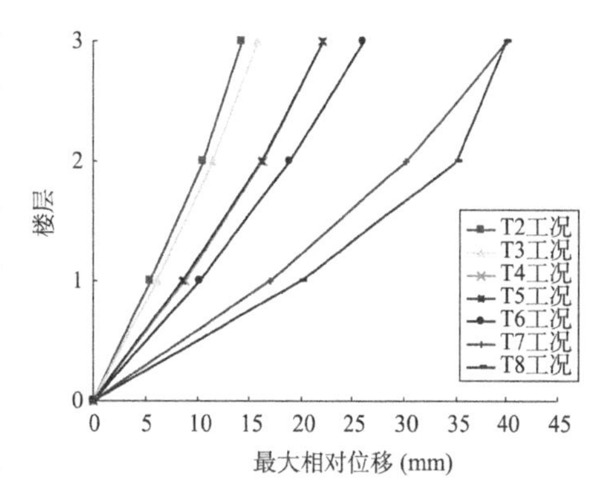

图 7-25　模型最大位移包络图

模型位移的大小、集中程度与其破坏程度直接相关。图 7-25 给出了各工况中模型各层位移包络图，可见模型变形接近于直线，表明各层层间位移相差不大，变形较为平均。变形模式介于多层纯框架结构的剪切型和剪力墙结构的弯曲型之间。这充分说明了增设翼墙后，翼墙与框架协同工作，改变了原结构的变形模式，使变形趋近于直线，拥有了更加合理的损伤分布形式。表 7-9 给出了各工况中模型各楼层的最大层间位移角。模型在 7 度大震（T4）工况后，最大层间位移角为 1/107，远小于《建筑抗震设计规范》（GB 50011—2010）规定的大震弹塑性变形限值（1/50），完全满足大震不倒的要求。直到 T8 工况（折合原型结构相当于 PGA = 0.78g），最大层间位移角达到 1/50。这表明增设翼墙后，有效地提高了模型的抗侧刚度，减小了位移反应。

由模型加速度反应数据可得到模型各层层间剪力数值，结合层间位移结果可以得到模型的层间刚度，见表7-10，模型总刚度及各层层间刚度变化规律见图7-26。随着PGA的增大，模型不断破坏，刚度下降，在7度大震工况（PGA=0.5g）后，曲线出现一个较为明显的拐点，表明模型已出现较为严重的损伤，这与宏观破坏现象是较为一致的，此时翼墙脚部压碎区域进一步扩大，第1层柱底出现裂缝，多数梁端出现斜裂缝。此后，刚度保持一个缓慢的下降幅度，说明结构整体刚度及能力曲线对应部分已经基本进入平台段。从表7-10中的层间刚度比可看出，整个试验过程中各层刚度下降较为一致，层间刚度比基本在1左右，没有出现第1层或者第2层相对薄弱的问题，说明翼墙加固能够抑制纯框架结构出现底层薄弱并导致垮塌的损伤模式。

模型层间刚度及刚度比变化 表7-10

工　况	层间刚度（kN/mm）			层间刚度比		总刚度
	第1层	第2层	第3层	第2层比第1层	第3层比第2层	（kN/mm）
T2	14.3	14.9	15.6	1.0	1.0	4.4
T3	11.4	11.6	11.6	1.0	1.0	4.2
T4	9.4	11.2	11.7	1.2	1.0	3.6
T5	6.6	8.2	10.6	1.3	1.3	3.6
T6	6.9	7.6	9.2	1.1	1.2	3.4
T7	5.1	6.2	7.1	1.2	1.2	2.1
T8	4.8	6.0	6.8	1.2	1.1	2.4

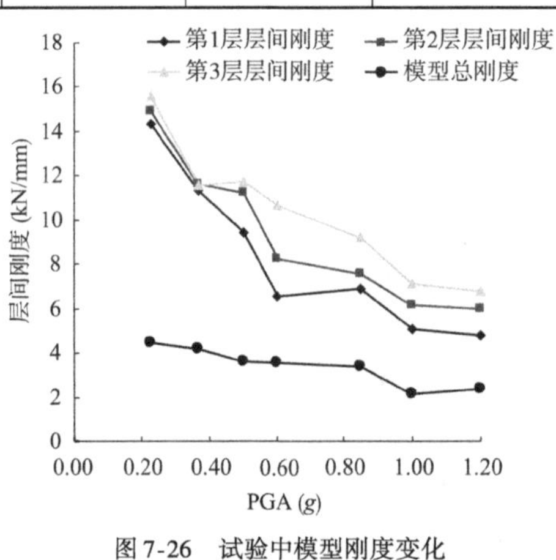

图7-26　试验中模型刚度变化

7.6　应变反应分析

7.6.1　应变片布置方案

试验中布置了若干应变片（图7-27），选取其中正常工作且测试结果有效的应变片进行分析。模型制作过程中，在框架柱端和柱底纵筋处布置了竖向钢筋应变片，图7-27中编号为S1～S8的圆点为有效钢筋应变片的位置。在模型加配重之前粘贴了竖向混凝土应变片，分布在图 7-27 中编号为 C1 ~ C14 的条状标识所示位置。该类应变片在加配重之前粘贴，使得应变片预先有了一定的压缩量，以便在测量拉应变值时有更大量程。在试验前，使用应变仪将应变片归零调平。上述竖向混凝土应变片及钢筋应变片的粘贴面垂直于纸面所示平面。

为考察柱和翼墙的平面应力状态，进而分析其承担的剪力，可采用在任意位置贴应变片（3 片）的方式获得切应变。考虑到数据采集系统通道有限以及框架柱反弯点处截面中央水平和竖向线应变可基本忽略（由于应变片为加配重后粘贴），所以采用贴 1 片斜向 45°应变片获取采集点切应变的方案。在 T1 ~ T3 工况中，进行了初步的应变测试，根据得到的柱端、柱脚的竖向应变数值估算出框架柱反弯点位置。考虑到反弯点处应变值较小，可基本忽略非线性影响，根据平面应力状态下任意方向的线应变公式以及矩形截面的剪应力分布规律[4]，可以得到：

$$F_s = \frac{2}{3}\tau_{max}A = \frac{4}{3}\varepsilon_{45^\circ}GA \tag{7-5}$$

详细推导以及公式中各字符的含义见第 3.6.2 节。所以在 T3 工况之后，在柱和翼墙反弯点处（约在构件高度上部 1/3 处）布置斜向角度为 45°的应变片，分布在图 7-27 中编号 C15 ~ C21 的位置，其粘贴面为平行于纸面所示平面。

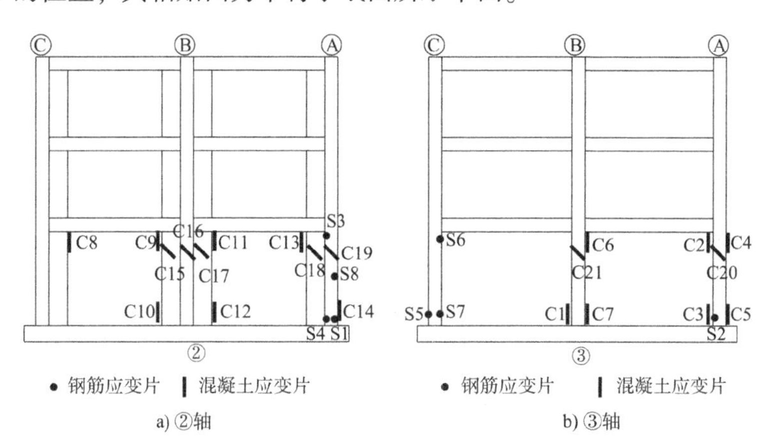

图 7-27　应变片分布

7.6.2　竖向受弯应变分析

选取 T3 工况的各竖向混凝土应变片、钢筋应变片应变反应时程，列于图 7-28。

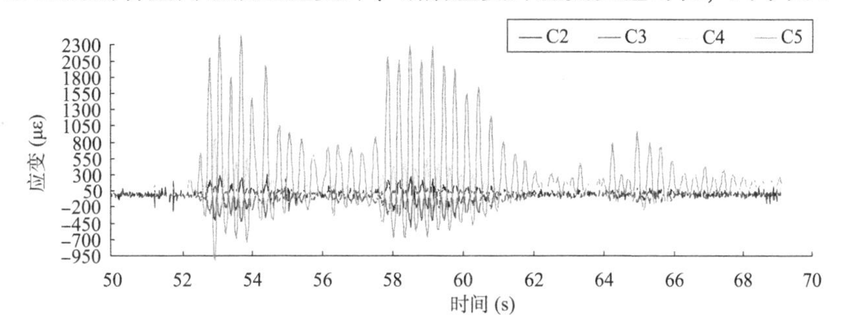

图　7-28

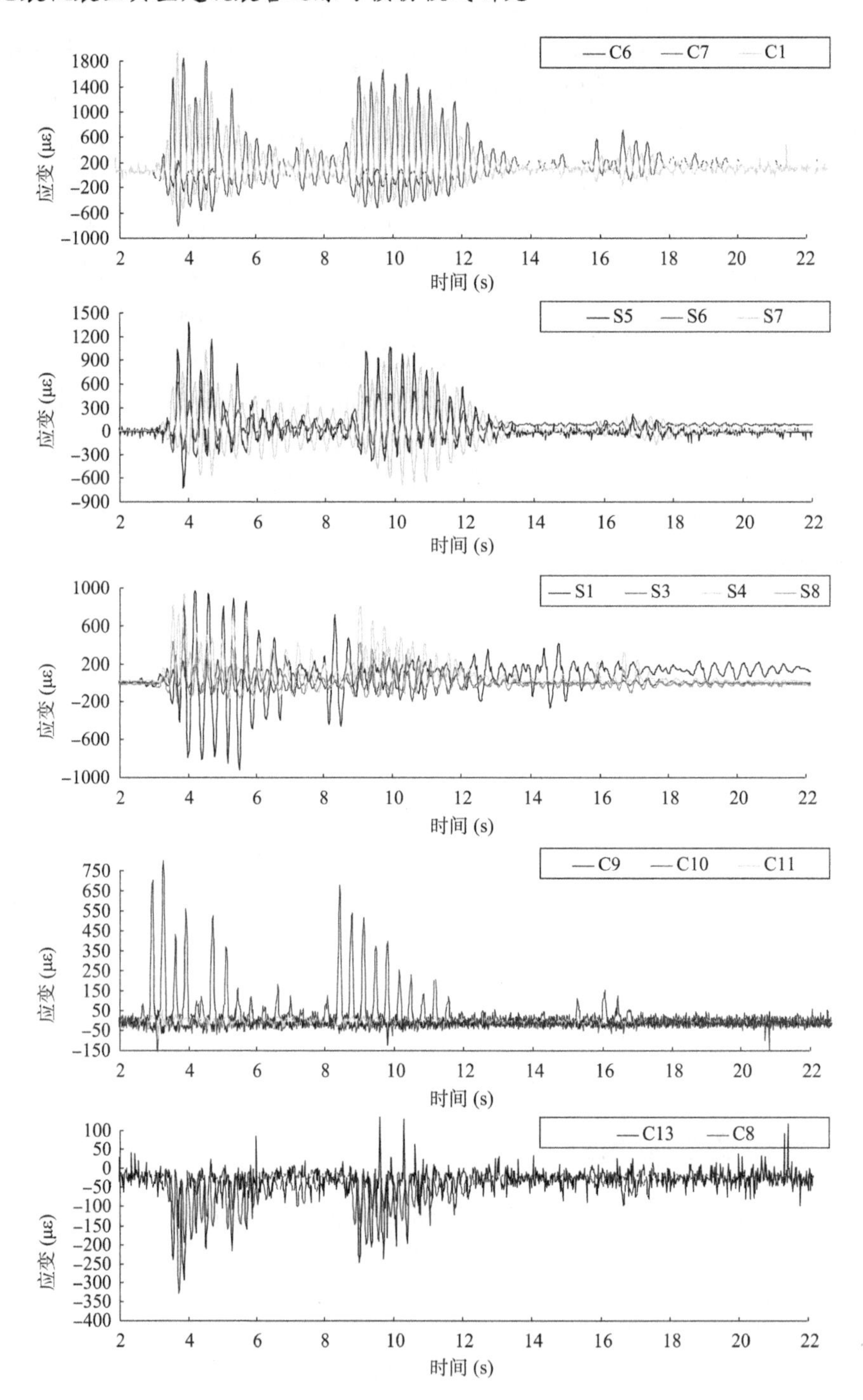

图 7-28　T3 工况各应变片应变反应时程

表 7-11 为各工况下竖向混凝土应变片和钢筋应变片数值，表 7-12 中是工况 3 之后粘贴的斜向混凝土应变片数值。其中，应变数值每组有 2 个，是该次地震动输入过程中的拉、压应变峰值，选择的不同应变片峰值所对应的时间为同一时刻。表中正值为拉应变，负值为压应变。

各工况下竖向应变峰值(单位:με)　　表7-11

工况	应变片位置																					
	C1	C2	C3	C4	C5	C6	C7	C8	C9	C10	C11	C12	C13	C14	S1	S2	S3	S4	S5	S6	S7	S8
T1	237; -212	100; **-157**	100; **-208**	76; **-110**	571; **-274**	N. A.	252; -243	N. A.	N. A.	N. A.	N. A.	N. A.	N. A.	N. A.	267; -249	N. A.	70; -114	178; -125	321; -309	198; -140	235; -246	N. A.
T2	959; -664	276; -320	186; -544	597; -304	2340; -730	N. A.	890; -768	N. A.	N. A.	N. A.	N. A.	N. A.	N. A.	N. A.	830; -607	N. A.	370; -205	840; -251	1126; -565	470; -404	938; -681	N. A.
T3	1965; -542	300; -400	107; -420	850; -225	2361; -1128	221; -254	1800; -800	-180; -312	50; -50	180; -780	43; -167	N. A.	N. A.	N. A.	982; -765	N. A.	300; -175	922; -137	1363; -830	616; -282	1000; -600	500; -200
T4	2570; -744	256; -539	N. A.	1066; -312	3059; -1466	312; -310	N. A.	-233; -428	107; -83	219; -1137	48; -97	0; -703	-156; -441	744; -1254	1531; -1647	1524; -611	321; -114	1388; 1105;	1569; -986	606; -560;	1223; -664	775; -299
T5	N. A.	449; -588	N. A.	1189; -350	3269; -1589	312; -377	N. A.	-341; -467	105; -120	239; -1259	70; -135	-44; -712	-188; -471	724; -1139	1417; -1608	1663; -685	390; -244	1604; 1234	1301; -616	838; -441	1101; -1421	987; -312
T6	N. A.	431; -536	N. A.	973; -344	3472; -1679	96; -113	N. A.	-222; -339	88; -86	101; -1141	N. A.	10; -262	93; -312	537; -881	1143; -1154	N. A.	339; -129	1368; 1077	903; -642	537; -554	1369; -754	863; -231
T7	N. A.	512; -702	N. A.	1143; -400	3395; -2095	96; -120	N. A.	-277; -373	116; -95	210; -1258	N. A.	20; -310	108; -378	625; -1042	1424; -1213	N. A.	361; 203	1606; 1262	634; -775	602; -521	1430; -536	1077; -282
T8	N. A.	771; -1015	N. A.	1824; -628	NA.	166; -216	N. A.	-417; -455	117; -147	193; -1443	N. A.	0; -414	104; -321	975; -1186	1662; -1105	N. A.	407; 281	1957; 1549	721; -973	2457; -476	1912; -701	1279; -347

斜向（45°）应变峰值 表7-12

工况	应变片位置						
	C15	C16	C17	C18	C19	C20	C21
T4	75；－68	90；－100	96；－166	152；－190	103；－56	50；－54	141；－122
T5	46；－61	109；－95	105；－153	166；－204	147；－76	49；－60	131；－83
T6	65；－78	112；－97	116；－168	147；－165	58；－39	96；－114	109；－50
T7	79；－89	137；－69	101；－112	139；－199	120；－43	90；－125	75；－42
T8	96；－106	139；－87	113；－137	217；－263	183；－80	165；－217	183；－62

表7-11中，“N. A.”代表粘贴的应变片不工作或者数值显著异常。根据C1、C7应变可知，③Ⓑ柱两侧混凝土拉、压应变值相等时模型未受到破坏（T1、T2工况），之后边缘有微裂缝，进入非线性阶段（T3、T4工况），拉应变显著大于压应变。T1工况中，C2～C5的压应变受开裂的影响小，尚未进入非线性，可用来判断③Ⓐ柱的反弯点位置，见表7-11中加粗的数字。由C3应变对应C4应变、C2应变对应C5应变，可判断反弯点位于整个柱上部约1/3处，所以T3工况后将斜向应变片布置在此高度。

S1及S4竖向应变显示，T1工况时S1拉、压应变均大于S4，说明初始时②Ⓐ柱截面受拉、压中性轴均在柱靠近S4的一侧；T2、T3工况时，S1压应变已接近S4拉应变，说明S4一侧受拉时，中性轴向柱另一侧移动，即T1和T2工况时边柱所加翼墙边缘首先受损，不再承受拉应力；T3工况之后，S4受压应变数值变为拉应变，显示柱外侧受拉中性轴已经越过S4钢筋位置，由柱移动到翼墙上，说明翼墙边缘破坏后，外侧柱也受到较大破坏；T7、T8工况时，S4受拉时中性轴在接近S1处，受压中性轴在翼墙上，说明翼墙及柱边缘开裂损伤严重，这种损伤模式与宏观破坏相吻合。总的来说，加翼墙后边柱边缘不能避免损坏，翼墙的作用主要是增大截面惯性矩，降低轴压比，提高延性，减轻柱的破坏程度，避免形成柱铰，分担更多地震剪力，保护其他纯框架柱，提高整个结构体系的抗震性能。

在各工况往复地震荷载作用下，C8～C13位置混凝土应变片的应变时程表现为始终受压，或在受拉时应变值远小于受压。未加翼墙榀C2、C4、C6及S6位置则未出现以上情况。以C8位置应变为例，地震力为由Ⓒ向Ⓐ方向，该位置应受拉应力，但梁端同时受拉，翼墙加宽使得C8位置及梁端受拉区集中，形成局部应力，使连接处局部混凝土受到较大的压应力。同时，楼板刚度较大，并且采用人工质量补足惯性效应，造成梁端与翼墙连接处多形成斜裂缝，出现较大破坏，见图7-15a)。由此可以看出，加翼墙框架结构的翼墙与梁连接，相当于外移了柱边缘，增大刚度的同时缩短了梁跨，易使梁端遭受破坏，形成上述的局部应力集中，不利于结构震损后修复。因此，在构造上可考虑加长梁端箍筋加密区。

S1、S4、S5、S7位置的钢筋应变片的应变显示，T4工况后，柱外侧钢筋应变接近或者小于内侧，表明柱脚钢筋受弯作用明显，已经进入弹塑性阶段，造成部分外侧钢筋黏结滑移，但外侧钢筋应变并未显著减小，表明强震工况下混凝土未完全压碎形成塑性铰。

T7、T8工况，各个框架柱脚钢筋应变片的应变时程显示应变片没有损坏，从宏观角度也未发现钢筋在混凝土底部出露。但②Ⓑ柱所加翼墙底部钢筋已经屈曲出露、混凝土全部压碎，见图7-15b)，说明翼墙可以起到保护框架柱、增加一道抗震防线的作用。

7.6.3　基于试验应变的剪力分配分析

从 T4 工况开始测试的 C15 ~ C21 应变片的应变峰值见表 7-12。选择 T6 工况的应变时程，列于图 7-29。

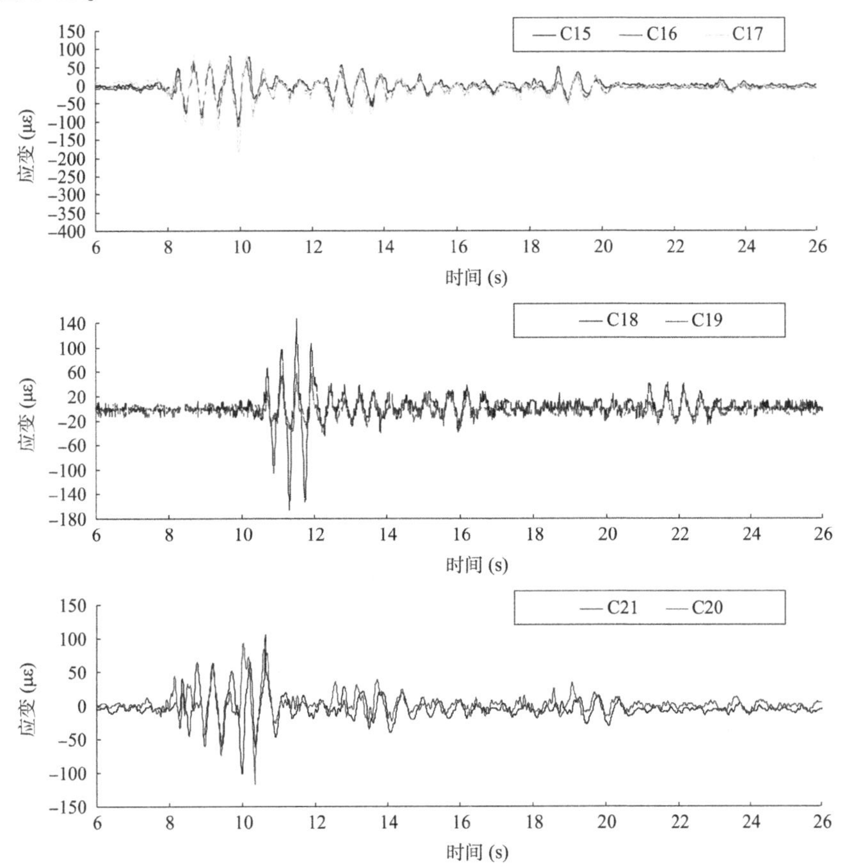

图 7-29　T4 工况斜向应变片应变反应时程

考虑表 7-12 两个加速度方向的线应变值，混凝土受压的弹性范围要比受拉的大，所以取混凝土受压时的应变来分析剪力。

基于式（7-5）以及表 7-12 中的斜向应变片压应变数值，经计算可得到各构件分担剪力之比，见表 7-13。整个翼墙框架模型所加的翼墙截面面积占总截面面积的 27.2%。由表 7-13 可知，翼墙受到破坏、刚度下降后，承担的地震剪力持续减小，在弹性阶段其分担的地震剪力将高于 48%。②轴框架截面面积为③轴的 2.12 倍，而加设翼墙的②轴框架分担的地震剪力为③轴的 3 ~ 4 倍。这说明翼墙加固措施可以显著提高框架的抗侧能力。

由试验应变值得到的剪力分配情况表　　表 7-13

剪力分配	工况				
	T4	T5	T6	T7	T8
翼墙分担总剪力比例（%）	48%	44%	43%	41%	37%

续上表

剪力分配	工况				
	T4	T5	T6	T7	T8
框架②轴与③轴分担剪力之比	3.79	3.77	2.62	2.25	2.08
②轴柱与③轴柱分担剪力之比	1.00	1.22	0.63	0.53	0.56

②轴框架增设翼墙后截面宽度增大，刚度显著加强，分担的地震剪力显著大于③轴框架，但②轴翼墙在地震力方向比柱宽40%，且在破坏初始，翼墙先破坏耗能，分担更多地震力，保护了框架柱，所以②轴柱初始时分担整个②轴框架剪力的比例小。随着翼墙破坏，分担地震剪力减小，②轴柱分担的剪力比③轴柱增加（T5 工况）。②轴翼墙和柱均遭到较大破坏后，刚度和承担的地震剪力仍明显大于③轴，造成②轴框架柱比③轴受损更严重，刚度下降更大。最后 3 个工况中，②轴柱承担的地震剪力小于③轴框架柱。总体来说，②轴框架柱受损比边榀框架柱严重，说明加翼墙榀框架能够消耗主要的地震能量，增大抗侧截面不造成损坏后承重能力的丧失。

7.7 数值模拟结果分析

采用有限元分析程序 IDARC 对试验模型进行数值模拟。在第 6 章已介绍了该程序。图 7-30 为程序中定义的混凝土和钢筋材料本构关系。

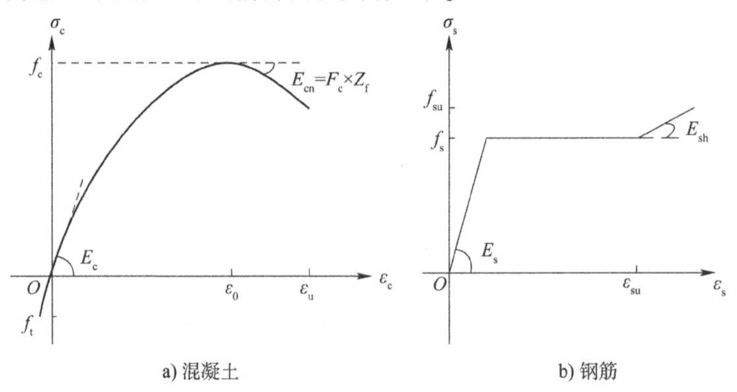

a) 混凝土　　b) 钢筋

图 7-30　材料本构关系

f_c-无约束抗压强度；E_c-弹性模量；ε_0-最大强度对应的应变；f_t-受拉开裂时的应力；ε_u-受压极限应变；F_c-无约束抗压强度；Z_f-定义下降段坡度的参数；E_{cn}-下降段弹性模量；f_s-屈服强度；f_{su}-极限强度；E_s-弹性模量；E_{sh}-应变硬化模量；ε_{su}-硬化起点对应的应变

基于模型微粒混凝土单轴抗压试验，在分析中，f_c 取 15.9MPa，E_c 取 1.6×10^4MPa，ε_0 取 0.002，f_t 取 0（即不考虑混凝土抗拉强度），ε_u 和 Z_f 采用程序默认值。根据不同规格钢筋的单轴拉伸试验，确定了钢筋本构关系参数取值。

以 T4 工况和 T8 工况为例，模拟结构整体反应。图 7-31 给出这两个工况下顶层加速度和位移时程的试验实测值同有限元模拟结果的对比，模拟结果基本与试验结果吻合。造成误差的原因主要有试验过程中的偶然因素、仪器的测量误差、有限元分析模型的简化和数值累积误差等，但总体上基本反映出模型的地震反应特征。

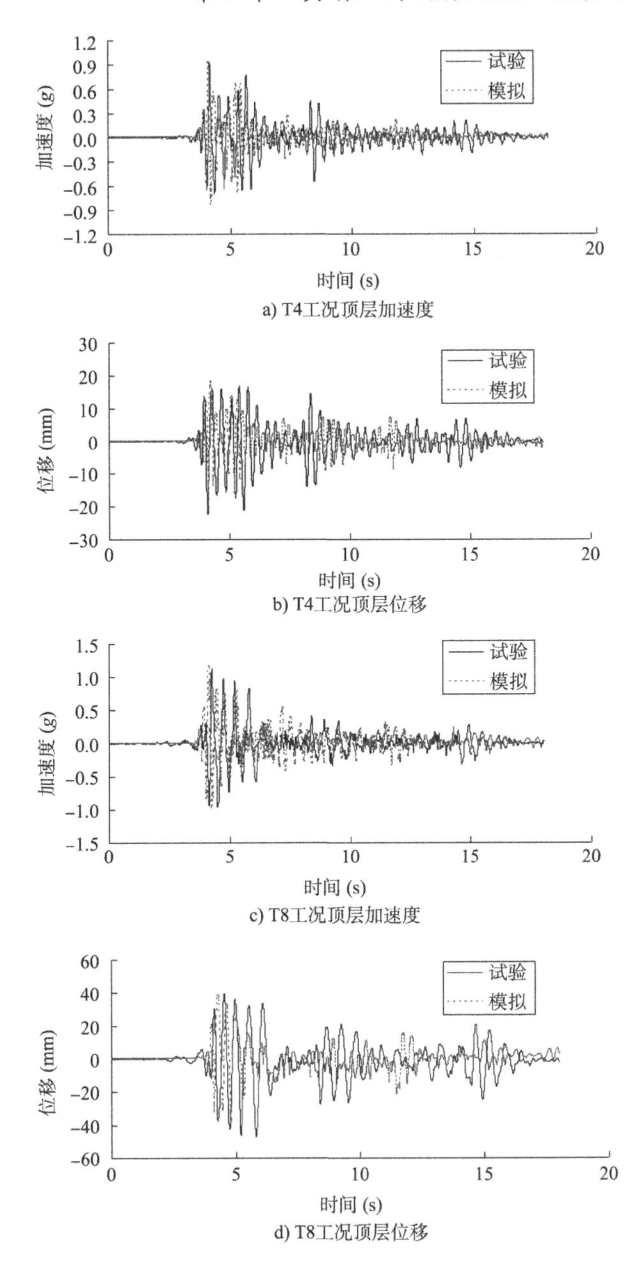

a) T4工况顶层加速度

b) T4工况顶层位移

c) T8工况顶层加速度

d) T8工况顶层位移

图 7-31　试验实测值与 IDARC 模拟结果对比

在此基础上，采用 IDARC 建立了一个纯框架结构模型，除未设置翼墙外，其余所有参数与振动台试验模型相同。对该纯框架结构模型进行了振动台试验 8 个工况的地震动非线性时程分析。图 7-32 为纯框架结构模型与翼墙-框架结构模型中间榀在 T4 和 T8 两个工况下的塑性铰分布情况。T4 工况下，纯框架结构模型底层柱根部、大多数柱端部、少数梁端出现塑性铰；从振动台试验的宏观破坏现象看，翼墙-框架结构模型在 T4 工况下的破坏主要集中在翼墙根部和翼墙与框架梁交接处。T8 工况下，纯框架结构模型第 1、2 层框架柱两端基本都出现塑性铰，梁铰数量明显少于柱铰数量；翼墙-框架结构模型的破坏主要集中在底层翼墙根部、柱底和梁端。对比可见，增设翼墙可以有效促进“强柱弱梁”破坏模式的实现。

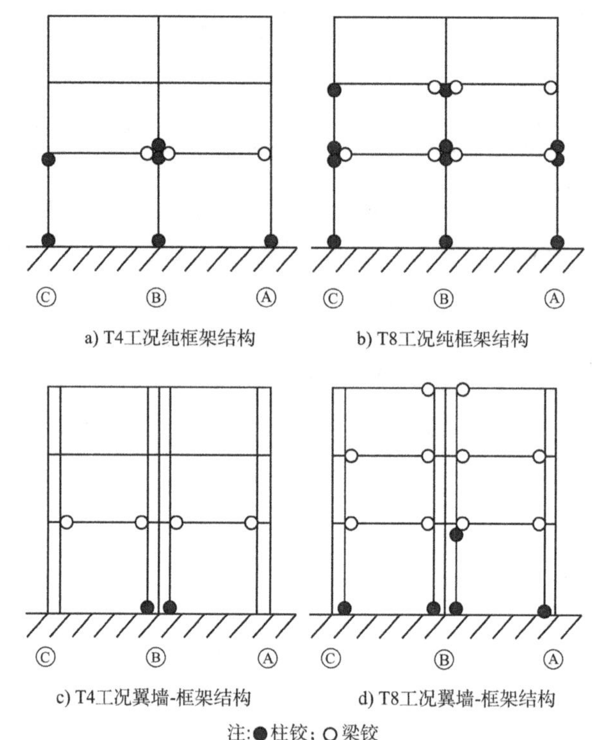

图 7-32　塑性铰分布对比

表 7-14 为纯框架结构模型在各工况下的最大层间位移角。从表中可见，结构最大层间位移角除在 T1 工况和 T3 工况下出现在第 2 层之外，在其他工况下均出现在第 1 层。与表 7-9 中的翼墙-框架结构模型相比，纯框架结构模型层间变形更易集中在底层，在高峰值加速度输入工况下，集中程度更加明显，更易形成底部薄弱层。

纯框架结构模型在各工况下的最大层间位移角　　表 7-14

楼　层	工　况							
	T1	T2	T3	T4	T5	T6	T7	T8
1	1/505	1/172	1/119	1/48	1/42	1/35	1/32	1/30
2	1/483	1/189	1/117	1/91	1/75	1/55	1/51	1/47
3	1/824	1/294	1/165	1/122	1/116	1/95	1/78	1/65

基于 8 个工况下基底剪力与顶点位移的包络值，可得到纯框架结构模型的能力曲线，并与振动台试验中翼墙-框架结构模型（由于 T1 工况位移数据不可用，T4 与 T5 工况、T7 与 T8 工况顶层位移包络值基本相同，故采用 T2、T3、T5、T6、T8 工况得到的曲线）进行对比，如图 7-33 所示。图中，两个模型能力曲线的末端为结构在 T8 工况下的反应，翼墙-框架结构模型没有达到倒塌极限状态，纯框架结构模型已进入下降段，增设翼墙后结构的侧向变形得到降低，极限承载能力得到了较大提高。

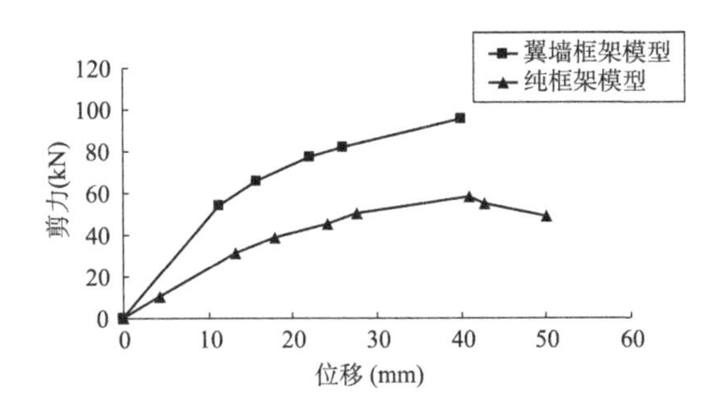

图7-33　翼墙-框架结构模型实测能力曲线与纯框架结构模型模拟能力曲线对比

7.8　本章小结

根据振动台试验结果、破坏现象以及进一步的有限元分析，对翼墙-框架结构的抗震性能和加固效果得到以下结论：

（1）从宏观破坏现象上看，在地震作用下翼墙脚部及翼墙与框架梁连接处最先开裂，框架柱在最初并未发生破坏；随着翼墙破坏程度的进一步加重，框架柱开始出现破坏，这证明增设翼墙能够使受压破坏区域从框架柱转移到翼墙上，有效地保护了框架柱，增加了一道抗震防线。试验中，梁端出现大量裂缝，框架柱端未发现明显破坏，促进了“强柱弱梁”机制的实现。

（2）在相当于原型结构遭受 PGA＝0.78g 的地震动强度后，作为模型最后的抗震防线的承重框架柱出现轻微损伤，钢筋应变片数值显示极震后翼墙脚部屈曲，而框架柱脚部钢筋均未屈服。其破坏模式和程度同实际震害相符，证实了翼墙-框架结构能够合理实现其设计的抗震效果。

（3）根据振动台试验应变数据，得知翼墙加固模型的受力机理。试验模型的翼墙截面面积占总截面面积的27%，加翼墙轴的截面面积为未加翼墙轴的截面面积的2.12倍，而翼墙分担的地震剪力占总剪力的48%以上，加翼墙轴分担的地震剪力是未加翼墙轴的3～4倍，均说明翼墙加固方法可显著提高框架结构的抗震能力。

（4）结合试验过程及数值模拟的模型位移反应及层间刚度变化来看，翼墙-框架结构模型的位移反应接近于直线形，变形模式介于多层纯框架结构的剪切型和剪力墙结构的弯曲型之间，实现了更加均匀合理的变形模式，而层间刚度比接近1，说明未出现明显薄弱层。结合宏观破坏来看，整个模型的损伤分布较均匀，第2、3层梁也出现较多裂缝，证实了翼墙加固方法可以避免多层钢筋混凝土框架结构因变形模式而造成的底层薄弱破坏模式。

（5）宏观破坏及应变结果均表明，加翼墙框架柱的破坏程度重于未加翼墙柱，但由于增大的截面可避免形成柱铰，框架的加翼墙榀应属于预期损伤部位，可以作为第一道抗震防线，承担绝大部分抗侧功能，同时保证竖向承重体系不缺失；采用翼墙加固易造成与翼墙相连接的梁端区域应力集中，应考虑延长梁端加密区或其他加强梁端的构造措施。

总体来说，增设翼墙后，有效地提高了原结构的抗侧刚度，减小了结构位移反应，翼墙先于框架柱破坏，为结构增添一道抗震防线，改善了结构变形模式，控制了损伤模式，大大提高了结构在超过设防大震水平下的抗倒塌能力。对于本书研究的学校多层钢筋混凝土框架结构类型而言，翼墙可加设在纵向中间榀，如此设置可以增大中间榀刚度，分担教室一侧边榀的水平剪力，使整个结构受力均匀，保护框架柱，不易出现节点失效，改善层间损伤分布不均和柱铰破坏模式。翼墙加固方法布置灵活，施工简单，经济实用，具有很强的应用性，因此可作为学校多层钢筋混凝土框架结构的抗倒塌措施加以推广应用。

本章参考文献

[1] 郭猛. 框架-密肋复合墙结构抗震性能与设计计算方法研究[D]. 北京：北京交通大学，2011.

[2] 沈德建，吕西林. 模型试验的微粒混凝土力学性能试验研究[J]. 土木工程学报，2010，43(10)：14-21.

[3] 中华人民共和国国家质量监督检验检疫总局，中国国家标准化管理委员会. 金属材料拉伸试验　第1部分：室温试验方法：GB/T 228.1—2010[S]. 北京：中国标准出版社，2011.

[4] 刘钊，王秋生. 材料力学[M]. 哈尔滨：哈尔滨工业大学出版社，2008：153-157.